GET IT 6

时尚6步骤

李荣达（Addy Lee）　编著

北京出版集团公司

北京出版社

Preface 朋友的序

马姐（马雅玉）
中文部总经理

Addy Lee，拥有众多身份：美发达人、发廊创办人、董事、经纪公司老板、艺人。这名全方位的艺人不只演过戏，还主持过节目！

屈指一算，认识Addy大概10年了。从八度空间电视台的成立，到和新加坡的歌唱比赛节目的合作，这些年来彼此的合作不曾间断过，而彼此的情谊也可以说是亦公亦私。

Addy是我合作过最和气的同事之一，有他在绝对不会冷场。他可以和任何人打成一片，他不会将人分为三六九等，他可以和我的选手们说笑，也可以和主持人或任何一位嘉宾畅谈，前提是他知道对方是有礼貌的人。

这些年来的无间合作，最重要的是我们彼此能够了解对方的想法。有时候遇到了难题，只要一个电话给他，无论在新加坡或上海，他都很积极地给予意见和帮助，这一点总是叫人感动。

这一次他终于再次出书了！这位"工作永动机"好朋友，总是在找机会提升自己，勤奋的性格令人敬佩！为了这一次出书，他所付出的心血是难以想象的，重要的是他永远懂得尊重和自己一起努力的工作人员，而我也相信这本书在团队的共同努力之下，绝对是精彩的！

郭亮
主持人

Addy又要出书了，真心为他感到高兴，开心之余不免佩服他的精力旺盛。拥有数十家发型屋、美发学校、创意团队、工作坊等，业务遍及新加坡、马来西亚、中国甚至韩国。从美发、教学到自创产品及设立时尚咨询团队等等，每天大量的工作之余，Addy居然还可以有时间写书，居然还是第二本专业书籍，可想而知，他对自己从事的事业是多么有热情。

认识Addy20年了，他从一个来新加坡闯天下的无畏青年，到事业有成的今天，时光荏苒，许多事许多人都变了，然而我眼里的Addy有一点始终没变，就是他的勤劳和精明。20年前，他在武吉知马开了第一家发型屋。店不大，人不多，Addy自己天天从早忙到晚，就是靠着自己的手艺和对人的真诚，慢慢开辟了市场。同时，也因为他特别善于和媒体打交道，不久就交了一批传媒及时尚界的好朋友，于是很快他就开始有了第二家、第三家店面。商海沉浮，20年不知多少人摔倒在半路，Addy却一步步跨过艰难，越走越顺，这是他的运气，更是他努力耕耘的回报。

让我写序，却啰唆了半天Addy的成就，其实我真不知道该怎样写他此书的序，因为此书关于美发、关于时尚，无论哪一种皆是一目了然，无须赘言，从打开扉页开始，你就与美结缘了！

权怡凤
主持人

一个如常的夜晚，电话忽然响起，Addy 在电话那头兴奋地说："妹，我又要出书了！"

这几年Addy大多数时间都住在中国，生活是非常忙碌的。他难掩兴奋的心情跟我娓娓道来他的初衷，他是那么热衷于时尚界的种种资讯，他迫不及待地要与人分享他的一切，这我能理解，但是更多的是佩服，佩服他的勇气和毅力，佩服他勇于挑战自己的极限，佩服他对工作的热忱！

他几乎天天24小时都在工作，他的生活就是工作，即便是跟朋友吃顿饭都是他的工作。因为他不断地在吸收生活中所有一切的灵感来源，你以为他在谈笑风生中消遣、享受？其实不然，他就像一块海绵不断地在吸收资讯，学习、进步、成长。

当他开始着手拍摄这本书籍的时候，我们几乎是每天都打长途电话沟通，他遇到了太多的困难与阻碍，甚至因为长时间的拍摄，一度搞得他的身体已经出现状况。在他身体快要支撑不住的时候，我曾经劝他"放弃"吧，咱们算了，可是只会听到电话那头他很累，但是很坚决地回答我："我从来不会轻易放弃任何一件事情，你不要为我担心。"

这就是我认识的Addy，顽强而固执！我不敢说这本美容书籍是他的呕心沥血之作，但却见证了他这几年在中国"取经"的心得，大胆又勇于突破。这是一本纪念品，纪念这些年他的成长和进步，是他人生的另一个里程碑，值得收藏！Addy，恭喜了，真的完成了（不可能的任务）！

毕夏
歌手、演员

在我心中，他是一位懂生活、爱生活，并享受生活的智者，脸上总是挂着善意的微笑，对任何人都友善、温柔。

同时，他又是一位爱工作、爱突破并勇于挑战自己的勇士，带领自己的团队一路披荆斩棘。他在专业上的成就无须赘言，从他拥有自己庞大的"美发帝国"便可略知一二。我敬佩他追逐梦想的勇气和强大的执行力，发型工作室、美发产品、电视节目、畅销书作者，当别人还在空口畅谈自己的梦想时，他已将梦想照进现实。他是业界最帅气的老师，也是技术最好的老师，他不仅是一位良师，更是一位益友。和他交谈，总能收获良多，他乐于将自己的经验分享，与别人探讨，而不是以高高在上的姿态强加于人。

很高兴能帮Addy老师的新书写序，作为能让明星闪闪发光的幕后推手之一，他对于时尚的敏感度和直觉都让这本书非常具有可读性。

同样爱美的你，一定不要错过！

Contents 目录

Chapter ① 发现新生 P11

无论是牙牙学语的孩童抑或鬓发斑白的老人，发型都会赋予其独一无二的美。

Chapter ② 察"颜"观色 P19

每一次染发，都像一场未知的冒险，冷暖底妆颜色赋予发色灵感。

肤色参考	20
流行发色	22
妆定发色	24
细节挑染	28
时光经典	32

Chapter ③ 百变魔发 P37

通勤、约会、晚宴，快节奏的当代，发型需要随时变换风格以适应不同场合。4位模特、12种不同造型，给你多种选择。

如瀑黑发	39	气场御女	63
性感湿发	42	天鹅羽翼	66
古髻通今	47	风情麦穗	71
自然卷发	50	韩剧主角	74
性感桑巴	55	熟女诱惑	79
优雅赫本	58	纸醉金迷	82

Chapter ④ "发"获新生 P97

每个人的发质不同，3种护发方式，帮你重获完美发质。

护发困扰	98
秀发注氧	101
强韧发根	103
莹亮质感	105

Chapter ⑤ 变龄刘海 P107

一个人驾驭不同的刘海造型, 竟也有着微妙的差异, 且看关于刘海的24种表情。

妖媚长发 108
俏丽短发 114
马尾情结 118

Chapter ⑥ 心机巧饰 P123

巧妙设计、方便好用的造型工具绝对是DIY发型的必备。

好用发梳 124
造型神器 126
编发与发饰 128

Chapter ⑦ 绅士风度 P135

2位发型师打造男士质感发型, 简约有道。

JACK 137
　潮流不羁 139
　立体刘海 141
　动感刘海 143
　微卷绅士 145
　艺术气息 147
　利落束发 149

日式卷发 151
风度君子 153
TONY LIU 155
　微雕时代 157
　乖萌教授 159
　都市精英 161
　意气少年 163

Chapter ⑧ 美丽秘籍 P165

美丽妆容源于美丽肌肤, 护肤、化妆、饮食、用香, 内外兼修。

毛毛 167
　肤如凝脂 168
JOHN LEE 179
　极致裸妆 181
　娇唇欲滴 183
　明眸善睐 186

吃出漂亮 196
闻香识女人 198
想美? 别忘了这些日常健康饮食 200

chapter ①

PEOPLE

发现新生

初生至花甲　发现美丽

　　无论是牙牙学语的孩童抑或鬓发斑白的老人，人们对于美丽的认知和追求从未停止。头顶上的三千"烦恼丝"，稍加设计、改造，就能演变出一套专属于你的美丽哲学。而我，愿意将细腻的情感注入灵感中，为所有人带来美丽。

纯澈童真

    几何形状的发型，突显孩童的纯真快乐，也更能修饰饱满的头型。

模特：2岁

糖果萝莉

如糖果一般甜美的女孩儿，应该拥有童话般梦幻的卷发。

模特：10岁

心动豆蔻

"犹抱琵琶半遮面"的朦胧，展示了青春的丰满，也能较好地修饰脸型。

模特：20岁

怒放年华

而立之年，美丽的怒放时刻，阶梯形的刘海与利落的短发，彰显个性。

模特：30岁

恒美经典

饱满的短发衬托着良好的身形，流行易逝，经典永存，女人不老。

模特：40岁

雕刻卓颜

　　岁月的痕迹，才是最美好而独特的装点。
利落的短发，强大的气场。

　　模特：50岁

chapter ② COLOR

察"颜"观色

冷暖底妆赋予发色灵感

　　无论是对于初次尝试染发的人，还是已经尝试过多种发色的人来说，每一次染发，都像一场未知的冒险。如何选择适合自己的发色，根据底妆的颜色来参考是值得借鉴的方法。

肤色参考

肤色测量器

　　来到发型工作室，发型师应该根据专业的肤色测量卡片来比对顾客的肤色，从而给出相匹配的发色供选择。理论上，发型师会选择与顾客肤色色系相近的颜色。相对来说，选择顾客肤色色系的对比颜色，虽然能呈现出强烈的对比效果，却未必适合顾客。

浅冷肤色
　　肌肤呈现出浅粉红色趋势的肤色被定义为浅冷肤色。

浅暖肤色
　　肌肤呈现出偏黄趋势的肤色被定义为浅暖肤色。

深冷肤色
　　肌肤呈现出深粉红色趋势的肤色被定义为深冷肤色。

深暖肤色
　　肌肤呈现出深黄趋势的肤色被定义为深暖肤色。

测量方法

让顾客坐在自然光线或白色灯光充足的地方以正确判断出顾客的肤色。

步骤：

1. 确认顾客肤色的深浅度——白皙、中等或深褐色，选出相应的测量卡。

2. 将选出的卡片靠在顾客的脸颊处进行对比。若顾客有化妆，则与颈部比较，以冷暖色系相对比来决定顾客比较适合的色系。

3. 若冷色比较适合顾客，则表示他适合冷色调发色；若暖色比较适合顾客，则表示他适合暖色调发色。

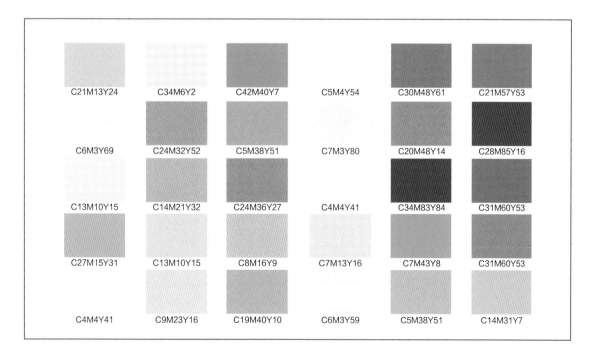

C21M13Y24	C34M6Y2	C42M40Y7	C5M4Y54	C30M48Y61	C21M57Y53
C6M3Y69	C24M32Y52	C5M38Y51	C7M3Y80	C20M48Y14	C28M85Y16
C13M10Y15	C14M21Y32	C24M36Y27	C4M4Y41	C34M83Y84	C31M60Y53
C27M15Y31	C13M10Y15	C8M16Y9	C7M13Y16	C7M43Y8	C31M60Y53
C4M4Y41	C9M23Y16	C19M40Y10	C6M3Y59	C5M38Y51	C14M31Y7

流行发色

肤色VS发色

浅冷肤色

OPTION 1 个性亚麻

亚麻色系有很强的金属感,给人以充满激情的生活态度,配合挑染,能表现出女性不甘平庸的鲜明个性以及追逐潮流的热情。

OPTION 2 优雅金棕

金棕的发色在阳光下动感十足,搭配和谐的挑染,发色明暗对比,修饰亚洲人脸部轮廓,使五官更为立体。

深冷肤色

OPTION 1 魅力冷棕

洋气的冷棕,给人以摩登的欧美范儿,配合挑染,让你仿佛变身街拍潮人,尽显自信。

OPTION 2 知性紫红

紫红色的秀发低调却不失个性,搭配和谐的挑染,丝丝秀发,暗红律动,将原本成熟的你变得更具吸引力。

颜色

- L' oreal 1 天然深黑
- L' oreal 2 深棕
- L' oreal 3 自然棕
- L' oreal 6.66 红色
- L' oreal 12.11 亮灰金色
- L' oreal 5.5 浅枣红

浅暖肤色

OPTION *1* 摩登金铜

　　金铜色系有很强的视觉冲击力, 给人以活力四射的激情, 配合挑染, 能表现出女性伶俐热情的鲜明个性。

OPTION *2* 浪漫栗棕

　　栗棕比起其他棕色, 更具童话气息, 搭配和谐的挑染, 浪漫色泽缕缕闪耀, 让你看起来如同从森林深处走出的公主。

深暖肤色

OPTION *1* 浪漫艳红

　　耀目的红色给人焕然一新的冲击力。前卫、大胆、奔放, 配合挑染, 展现自身的浪漫主义气息。

OPTION *2* 灵动铜红

　　铜红相比艳红显得更为温和一些, 不耀眼, 却又让你看上去与众不同, 搭配和谐的挑染, 让发色显得更灵动亮泽, 用发色使你焕发好气色。

颜色

- L' oreal
  6.6 深金红色

- L' oreal
  11.60 棕金红

- L' oreal
  7 亚麻金

- L' oreal
  5.05 红褐棕

- L' oreal
  6.46 铜红色

- L' oreal
  7.43 金铜色

冷暖色

冷——晨光初晓

发色：L'oreal 6.1 深灰金色

粉底色号：杏仁白

当第一缕阳光打破阴霾时，暖意
萌生。如精灵般的白皙肤色，将发
色衬托得更加脱俗。

妆定发色

　　每天，我们的带妆时间都超过8小时，而对于粉底的
选择，通常都会比自身肤色亮一度。因此，当你以素颜出
现在沙龙时，发型师对于发色的建议，便是以原本肤色
来界定的，这样当你上妆时，颜色便会出现偏差。为了避
免这样的问题，建议去染发时，至少要上底妆。

暖——迷离紫韵

发色：L' oreal 6.62 红紫色
粉底色号：象牙白

黝黑、健康的肤色，带着一点点
叛逆与危险的气息，
令人着迷。

冷——璀璨维纳斯

发色: L'oreal 12.11 亮灰金色
粉底色号: 杏仁白

异域风情的亮灰金色, 耀眼迷人,
拥有女神般的魅力,
是绝对的主角。

暖——惊"红"一瞥

发色：L'oreal 11.60 棕金红色
粉底色号：象牙白

璀璨而耀眼的棕金红，
猝不及防地在心底留下
最美的景色。

挑染

细节挑染

对于挑染来说，颜色和量把控好了，会为你的发型大大加分；反之，若是没有好的审美，则会将整体质感拉低。挑染不但能让颜色的层次更加丰富，还能在视觉上起到增加发量的效果，所以，找到好的发型师，大胆尝试挑染吧！

夹心曲奇

发色：L'oreal B7.01 浅灰棕、浅金、摩卡、蜜棕，丰富的色调构成了层次丰富的短发，精致有型，就像甜蜜的夹心曲奇。

紫色星河

发色：L'oreal 420 深紫色

拥有神秘魅力的紫，
星河中灿烂的斑斓点滴，
在浪漫的自然卷度中
尽显柔软气质。

率性橙棕
发色：L'oreal12.3 亮金棕色
最耐看的棕色系，
混入一点点被阳光炙烤过
的暖橙色，干练率性，
却不失温柔恬静。

时光经典

　　每一季, 都有它的专属流行色, 时尚潮流如风云变幻。数月间, 染过的发色便已褪去耀眼的光环, 如何挑选耐看、经典的颜色呢? 有这么几种颜色, 经得起岁月的打磨, 耐得住流行的考验, 被称为Timeless choice (永恒的选择)。

永恒

东方之韵

发色: L'oreal 210 深灰蓝色
不只是简约的黑,
更掺了少许冷光蓝,
让极致的黑增添了几分
青春时尚的气息,
更加耐看。

醉红颜
发色：L'oreal 6.6 深金红色
时尚女魔头的
BOBO头，搭配极致
的酒红色，自信的
强大气场。

迷栗寻踪

发色：L'oreal 7.06 浅栗棕色

温暖的栗色，

尽显淑女温婉气质，

与波浪卷发

相得益彰。

chapter ③
STYLING
百变魔发

轻松变发 Easy 角色转换

通勤、派对、晚宴，快节奏的当代，女性在不同的场合忙碌地变换身份，着装打扮亦需要找到有效率的变换方法。上一秒你还是精明善辩的职场"白骨精"，下一秒就变成了精致优雅的社交名媛，而发型，在其中起到了至关重要的作用。本章内容，由4位模特演绎如何快速转换12种风格迥异的造型，只需6步，轻松打造。

如瀑黑发

垂顺的黑发，如倾泻而下的瀑布一般，利落、率性。细节在于中分发际线处，锯齿状的线条青春、时尚，适合在职场上雷厉风行、说一不二的女子。

long black
hair

打造步骤：

Step1 用精华油均匀喷洒全部发丝，轻柔按摩，让每根发丝吸收营养水。这样做可以让之后的直发造型更具光泽，更加垂顺。

Step2 将头发横向等分成3区，顺时针拧成发髻加以固定，以便后续的烫发步骤。

Step3 用直板夹对第三区发丝进行造型，由于此部分发丝位于长直发内部，在每次夹发时发量要选取得少一些，以便营造头发的整体垂顺效果。

Step4 继续用直板夹进行第一、第二区的造型。第一区靠近头顶的发丝，在造型时避免从发根夹起，否则会造成头发紧贴头皮的状况。

Step5 用尖尾梳以"Z"字形从头顶开始分隔发际线，营造时尚感的锯齿状发际线。

Step6 最后，用自然感的定型喷雾距发丝30厘米均匀喷洒，为造型做最后的定型工作。

模特的发质较粗硬，发丝黑色素多，典型的东方美人发质。

BEFORE

Tips

Lux凝粹精华油：令秀发丝滑柔顺，长效保湿，持久绽放水润光泽! 特别添加纳米胶原蛋白；迅速渗透，有效润养发芯。

Babyliss直板夹：结合陶瓷加热器，温度稳定，升温迅速，45秒达到最高温度，且均匀散发热量。

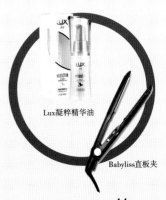

Lux凝粹精华油

Babyliss直板夹

性感湿发

近两年，T台流行将湿发造型演绎得淋漓尽致。而这种极具时尚、随意感的发型也非常适合快速变发的需求，操作起来简单、方便，几乎每个人都可以熟练掌握。对于光怪陆离的派对来说，这样简单又不失庄重的造型非常适合。

sexy
wet hair

打造步骤：

Step1 选用造型打底产品，挤出黄豆大小两粒，用手掌搓匀，从发中向发尾均匀揉搓。

Step2 用直排梳将头发梳理垂顺，等分成3份，顺时针卷成发髻，用卡子暂时固定。

Step3 为了营造垂顺效果的湿发，需先用直板夹从发根处造型。

Step4 中部分区的头发依旧分成若干份，用直板夹进行造型。

Step5 头顶分区的头发，可自然垂下，无须用直板夹进行造型，而是用手指向后拨拢、梳理。

Step6 选用造型产品，用手掌搓热，沿发际线向后拨拢、梳理，直到营造出自然、有型的湿发造型。

L'oreal
Pro-Keratin
Refill

Redken 22号
发蜡

Babyliss
直板夹

Tips

L'oreal Pro-Keratin Refill: 源自仿生学灵感，突破性Pro-Keratin Refill System智能重注系统，顷刻重注流失角蛋白，智能修护受损结构。

Babyliss直板夹: 结合陶瓷加热器，温度稳定，升温迅速，45秒达到最高温度，且均匀散发热量。

Redken 22号发蜡: 营造湿发效果的发蜡，清爽不黏腻，造型效果极佳，轻盈不厚重，是多种造型的必备单品。

BEFORE

古髻通今

　　额前隆起的"发髻式"刘海，与头顶一侧的发髻相辉映，既复古典雅，又带着现代的干练、利落。这样的发型适用于晚宴，创意新潮，又不失庄重，看似复杂，其实操作起来非常简单。

vintage

bun

打造步骤:

Step1 将头发分成两份，脑后头发束成马尾，头顶处等分成3个区域，加以固定。马尾用鬃毛梳梳理平顺。

Step2 用造型产品均匀喷洒在马尾上，并用手在发丝上稍加按摩，帮助吸收。

Step3 将头顶中部的头发向一侧拨拢，留出一小缕头发，作为之后固定发髻使用。

Step4 将Step3拨拢到一侧的发丝向后折起，形成一个平滑的圆弧刘海，向后折起的发丝稍加固定。

Step5 将马尾盘起成圆弧形，与之前折到脑后的发丝会合，形成圆形蓬松发髻，并用U形夹固定。

Step6 用Step3中留出的一缕发丝缠绕脑后发髻，遮盖固定的卡子，令发型更加完整。

BEFORE

Tips

鬃毛梳: 多排鬃毛设计，逆向梳理发丝，可以瞬间营造出非常蓬松的发型。

L'oreal发胶: 快干，强力定型。喷雾细腻、柔和，无水湿感。可创造出自然亮泽的完美线条感和质感，适合任何或服帖、或凌乱的前卫发型。

U形夹: 操作简单方便，几乎每个人都可以熟练地掌握，合理地使用U形夹做出多变的发型。

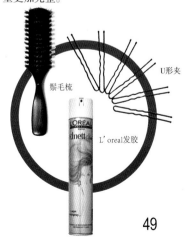

鬃毛梳

U形夹

L'oreal发胶

自然卷发

沙龙中烫的卷度总是不尽如人意？不如利用DIY编发来控制自己想要的卷度。小卷需要编发紧而细，而大卷只需将编发的发量增加即可。这样的编发式卷发，最大的优点就是超自然的卷度，柔和、自然，颇具时尚感。

natural curly hair

打造步骤:

Step1 将免洗养护产品倒在手心, 1
元硬币大小即可, 用手心搓热后均匀
涂抹在发中部至发梢的位置。

Step2 将头发等分成4个区域, 逆时
针拧成发髻加以固定。

Step3 依次拆开每一分区的头发, 将
其编成3股辫, 若想让卷度明显, 则可
编得紧一些。

Step4 编好4根发辫后, 用直板夹分
别对每一根发辫进行造型, 这样做是
为了让卷度更快形成。

Step5 依次拆开4根发辫, 用手指将3
股辫打开, 此时可以看到卷度已形成。

Step6 最后用手指调整, 从头顶开始
梳理向发尾, 将卷发完全打开, 形成
自然、蓬松的卷发效果。

Tips

L' oreal滋养抗热护发乳: 能有效地修护受
损伤的头发, 让头发更加柔顺, 光泽靓丽。
Babyliss直板夹: 直板夹通过系统设定温
度、时间、方向, 让卷发设计全程可控。

长而直的
中分发型, 发
尾处略微干
枯, 显得发质
不是太好。

BEFORE

性感桑巴

侧梳的蓬松感大波浪风情万种,配上酒红色的舞裙,赴一场舞会派对吧!快节奏的鼓点和悠扬的音乐声,让双脚不停歇,而发丝在霓虹灯光间穿梭,散落的光线被分割成一束束的光柱,迷离、性感。

samba

curly hair

打造步骤：

Step1 将免洗养护产品倒在手心，1元硬币大小即可，用手心搓热后均匀涂抹在发中至发梢的位置。

Step2 将头发等分成上、中、下3区，逆时针拧成发髻加以固定。

Step3 从最下面一层头发开始造型，将发丝散开后分成若干份，用自动卷发器夹住发梢，卷发器会自动吸入发丝进行造型。

Step4 将中部区域的头发散开，依照之前的方式，继续用自动卷发器进行造型，一次卷的发丝不要太多，这样能够营造丰富的层次感。

Step5 最上面一部分的头发散开，依旧按照多次造型的方式进行卷发。

Step6 将造型好的头发，用手指散开，营造自然的卷度，将刘海全部梳向一侧，发丝也拢向一侧。

BEFORE

Tips

Redken Curvaceous Full Swirl：2合1卷发波浪与精华霜配方打击毛糙，有效地锁住湿度。能够控制所有类型的卷曲并增强整体头发卷曲度。

Babyliss 自动卷发器（锤子）：烫头发不仅伤发，还只能保持一种样子，看久了也会腻。Babyliss卷发神器，让你不用去理发店烫头发，每天出门头发是什么卷都由自己来决定，并且上手简单，真正的懒人必备。

Babyliss
自动卷发器（锤子）

Redken Curvaceous
Full Swirl

57

优雅赫本

层叠的发髻堆叠在头顶，优雅俏皮，如鳞片，又似羽毛，凸显出修长的颈部曲线。创意式发髻采用多层次堆叠方式，更加凸显年轻和时尚感，需要一定的发量才能营造出完美的造型。

vintage
urban bun

打造步骤:

Step1 将造型产品倒在手心,1元硬币大小即可,用手心搓热后均匀涂抹在发中至发梢的位置。

Step2 将头发等分成上下两份,再将上面一部分头发等分成3份加以固定。用玉米夹开始对每一区域的发丝进行造型。

Step3 将用玉米夹造型好的4个区域发丝绑成马尾状。

Step4 将造型喷雾均匀喷洒在发丝上,为后续发髻造型做打底工作。

Step5 在每条马尾距发梢5厘米处绑上橡皮筋。

Step6 分别将4条马尾层叠式环绕在额头处,发尾橡皮筋处用卡子固定在头顶。

Tips

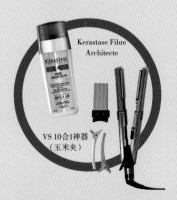

Kerastase Fibre Architecte
VS 10合1神器(玉米夹)

Kerastase Fibre Architecte: 一次性修复双倍精华液针对遭到严重侵蚀的秀发,能填补其内部空洞的纤维,增强头发的强度,从根部到尾部。与任何Kerastase Thermique的产品搭配使用都可以维持长久的效果。修复毛发开叉,提供维持长久定型的效果,给人一种不油腻、清爽的发型感觉,还可平顺发丝、增加光泽。

VS 10合1神器(玉米夹): 在吹干头发后使用,适用于完全干燥的头发,从中间到尾部。使用玉米夹或吹干,可修复和平顺头发并维持持久光滑。

BEFORE

气场御女

干练短发，如风吹过般飘扬的发梢
洒脱自然，微微的卷度也恰到好处，看
似随意，实则拥有精致的细节。

strong
aura hair

打造步骤:

Step1 用定型液均匀喷洒在发中部至发梢。

Step2 将头发等分成5个区域，逆时针旋转成发髻并加以固定。

Step3 从最下面的分区开始，用直板夹进行造型，将要造型的发丝逆时针旋成麻花状，再用直板夹造型，这样做可以营造出微卷的自然效果。

Step4 中部分区的头发也如Step3一样，用直板夹进行造型，发尾处需留出约5厘米。

Step5 用尖尾梳将刘海分成二八比例，并划出45°角，营造时尚、俏皮的刘海造型。

Step6 最后，将发胶喷雾均匀喷洒在发丝上，并用手指进行调整，将头发打造出蓬松、自然的效果。

发量并不是很多的短发，发质也非常柔软，这样的发型未经造型很容易贴在头皮上。

BEFORE

Tips

Redken Quick Tease 15号蓬松定型液：丰盈再现完整喷雾定型液，三大特点合为一瓶：丰盈、质地和造型。提高整体造型，锁定体积。卧式喷雾设计在发根底部产生提升力。

Redken Control Addict 28号发胶：强效支撑头发造型喷雾可持续24小时对抗湿度，不会残留或脱落。这种抗潮湿头发喷雾剂具有很高的塑形性和灵活性，能够轻易地改变任何造型。

Redken Quick Tease 15号蓬松定型液

Redken Control Addict 28号发胶

天鹅羽翼

如黑天鹅一般的丰满羽翼，发丝也能营造出这般生动的效果。中分的发型，拥有强大的气场，而夸张、厚重的发尾则是呼应黑天鹅裙摆的演绎。隐约间，发丝中微小的弧度仿佛拥有气垫，轻盈飞舞。

hairlike
swan

打造步骤：

Step1 将造型摩丝挤在手心，约半个苹果大小，均匀涂抹在发中部至发梢。

Step2 将头发分成上、中、下3区，将发丝逆时针旋转成发髻并固定。

Step3 用麦穗夹从最下面的头发开始造型。

Step4 用麦穗夹继续对中间部分的头发进行造型，从发中部夹到发尾，发根处留出5厘米。

Step5 最后对头顶部分的头发继续用麦穗夹进行造型，发根处留出7厘米。

Step6 用定型水在发丝中间喷洒，令造型更加丰盈饱满。

L' oreal Tecni Art 摩丝

L' oreal 海盐定型水

Tips

L' oreal Tecni Art 摩丝：能塑造出复古的大波浪卷发，使卷发量多的发丝自然无重力地垂下，并且有强大的支撑力。

L' oreal 海盐定型水：有强大的支撑力，是能锁住自然感觉的热激活定型喷雾，能完美地塑造出大波浪的卷发效果。喷雾利用聚合物和阳离子的调理技术发挥柔顺作用。

BEFORE

风情麦穗

夸张的麦穗烫，带着热带的温度，让齐整、厚重的发尾和光洁圆润的头部曲线形成对比，宛若热情奔放的吉卜赛女郎，只为追求爱与自由。

gypsy girl

打造步骤:

Step1 将润发精华油倒入手中，约1元硬币大小，用手心搓热。

Step2 用手指顺着发根向脑后梳理发丝，将润发精华油均匀涂抹在发丝上。

Step3 选用麦穗状马尾长假发进行后续造型，注意选择与自身发色相同的假发。

Step4 将马尾假发套在自身束起的低马尾上。

Step5 用卡子加以固定，让假发与真发完美地融合在一起。

Step6 用造型喷雾均匀喷洒发丝，营造光洁、服帖的造型。

BEFORE

Tips

L'oreal琉彩之韵精华油：富含一种特殊的牛油果油和葡萄籽油。这种轻质量的油可以照顾和呵护所有类型的发质，滋养发丝，独特的配方令头发光泽闪耀，令头发滋润而柔软。

假发：头发短也没有问题，假发也可以轻松打造时尚长发造型。

假发

L'oreal琉彩之韵精华油

韩剧主角

中分的长发,略微凌乱,随意的卷度,拥有着毋庸置疑的主角气场,又带着几分韩式偶像剧中不可救药的浪漫,兼具时尚、青春、动感。

Korean
charming lady

打造步骤:

Step1 用蓬松水均匀喷洒发根处,营造蓬松的造型。

Step2 将头发分成上、中、下3部分,逆时针旋转成发髻加以固定。

Step3 用中号电卷棒对最下面一层的发丝进行造型。

Step4 将最下面一层发丝中的一部分挑选出来,用自动卷发器造型,营造出与中号电卷棒不一样的丰富卷度。

Step5 中间部分的头发,用直板夹进行造型。

Step6 用定型喷雾均匀喷洒发丝,用手指进行调整,将卷发打开。

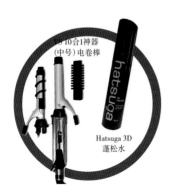

Hatsuga 3D 蓬松水

Tips

Hatsuga 3D 蓬松水:针对细软扁塌发质,使无力的头发蓬松,易于造型(建议短发用,长发难蓬松)。塑造有流动感又不失支撑的百变秀发造型,富有质感、丰盈蓬松且造型独特。

VS 10合1神器(中号)电卷棒:做卷发造型时使用的卷发棒,深得女性的喜爱。可以更换不同的套管让自己DIY不同的时尚造型,想要直发、卷发轻松造型,旅行时也便于携带。

BEFORE

细软、扁塌发质

熟女诱惑

丰盈的卷度，给人自信的印象，这般笃定的美丽，来自成熟的风韵。中小卷增加造型的层次感，也从视觉上起到了增加发量的功效。

sophisticated lady

打造步骤：

Step1 将头发等分成6个区域，分别逆时针旋转成发髻加以固定。

Step2 从最下面一层头发开始造型，先将造型喷雾均匀喷洒在发丝上，略干后再进行之后的造型步骤。

Step3 用自动卷发器对最下层的发丝进行造型，营造细腻的卷度。

Step4 中间层次的发丝用直板夹进行造型。

Step5 最上层的发丝则用中号电卷棒进行造型，营造不一样的丰富卷度。

Step6 最后用手指将卷发打开，在发丝间喷上定型发胶。

BEFORE

Tips

VS 10合1神器：10合1神器独特的手柄可以灵活换配件，操控自如，可以更换不同的套管DIY不同的时尚造型，直发、卷发轻松拥有。

Kerastase Styling Laque Couture发胶：能防风吹、防潮以及防热，起到持久固定发型的作用，辅助其他造型产品发挥定型功效。微纤造型系统能迅速形成空气保护膜，令秀发更有型，拥有卓越发蜡质地，强力造型，全天保持清爽不黏腻。

Kerastase Styling Laque Couture发胶

VS 10合1神器

纸醉金迷

精致华丽的发饰，加上复古感的蓬松发髻，充斥着20世纪20年代的纸醉金迷。丰盈的卷发风情万种，将长卷发花些心思盘成随意的短发是浪漫情怀的体现。

gorgeous

gastby

打造步骤：

Step1 将头发等分成6份，分别逆时针旋转成发髻加以固定。

Step2 从头顶开始，将拆开的发丝距发梢5厘米处绑上橡皮筋，方便之后的造型。

Step3 将发束向内对折，发梢处的橡皮筋重新固定在发根处。

Step4 其他每个分区的发丝都如法炮制，营造出简单、自然的发髻。

Step5 用手指拨拢发髻，让发髻显得更加蓬松，之后用发胶定型。

Step6 最后挑选华丽的水晶发箍加以固定，盖住橡皮筋即可。

发饰

Hatsuga 发胶

Tips

Hatsuga发胶：能防风吹、防潮以及防热，起到持久固定发型的作用，辅助其他造型产品发挥定型功效。微纤造型系统能迅速形成空气保护膜，令秀发更有型，拥有卓越的发蜡质地，加强造型效果，全天保持清爽不黏腻。
发饰：在造型完成后再加上发饰的点缀使整个造型更加丰富，光彩照人。

BEFORE

Chapter ④

HAIR CARE

"发" 获新生

3种护发方式
重获完美发质

每个人的发质不同，粗或细、强韧或脆弱、发量的多少，都由基因决定。然而，后天的护理也不容小觑！你知道洗发水的正确用法吗？有定期做护理的习惯吗？不要把护发看作是只能在专业沙龙进行的"大动作"，简单几步，教你在家轻松护理，重获完美发质。

护发困扰

护发, 学问很深, 绝不仅仅是每日的洗发功课。面对天生的头皮类型、发质状况以及后天的环境、人为因素导致的问题, 你可以在这里找到答案。

Q »

头皮很容易出油, 为什么每天清洗还是不管用?

A 头皮和面部肌肤一样, 也分不同类型, 分为干性、油性、中性和敏感性。对于油性头皮来说, 每日出油量会比普通人多, 从而容易造成头发扁塌、毛孔堵塞的现象, 严重的会造成痘痘、脱发。因此, 油性头皮的人, 最好每天都要洗头, 1次即可。过于频繁的洗发反而会造成头皮干燥, 从而让出油更严重。同时, 在挑选洗护产品上, 也需要注意, 尽量挑选清爽型、植物萃取的。饮食上偏好重口味, 也是加重出油现象的原因之一。

Q »

脱发现象很严重, 为什么每天都会掉一大把头发?

A 正常人一天会掉30~100根头发, 毛囊也有自己的生长周期和新陈代谢, 脱发后的毛囊通常会继续生长出新的头发。脱发严重的人, 可以对镜自检, 看看是否有明显的头皮露出区域。若有, 首先, 要在清洁上注意, 尽量保证一天一次的洗发; 其次, 刘海分界线要经常变换, 发型也不能长期梳一种; 最后, 在情绪上调整, 保持轻松、愉悦的心情, 激素也是影响脱发的因素之一。

Q 孕妇真的不能染发吗?

A 对于有阶段性染发习惯的女性来说,一段时间没有染发,很难接受新长出的黑发与染过的发色形成的鲜明对比。然而若是怀孕了,通常都会被朋友劝告不要染发,染发膏含有化学物质,会影响胎儿发育。其实,目前很多染发产品成分都是天然、安全的,所以孕妇并非完全不能染发,具体情况请咨询您的发型师。

Q 该如何挑选适合自己的洗发水?

A 针对不同发质,选择有针对性的洗发水是应对不同问题的方法。发质问题可细分为干枯、沙发、细软扁塌、染后受损和烫后受损,而头皮问题可分为油性、脱发、敏感、头皮屑等。对于干枯毛躁的发质,适合补充蛋白质、含滋润精油成分的柔顺洗发水,而偏油性的头皮,则适合用含清凉成分和维生素B$_6$的洗发水,其他具体细分则要根据不同品牌的洗发水成分来挑选,最好找专业发型师给出分析和建议。

Q 洗发的水温和水质是否对头发有影响?

A 是有影响的。过高的水温会破坏发丝的结构,令头发脆弱易断,而过低的水温则不利于清洁头皮和灰尘。28摄氏度是比较适中的、令人感到舒适的温度。水质的软、硬也对发质有着微妙的影响,不同城市的水质软硬不同。硬水因其含有的矿物质和钙盐较多,不太适合洗发,不但会刺激肌肤,也会和洗发水中的脂肪酸反应,造成沉淀,影响起泡效果。

Q 彻底清洗头发后,头皮还是发痒,而且越抓越痒是为什么?

A 通常出现这种现象,很多人会误以为没有洗干净,结果反复清洗后发现症状依旧没有缓解,反而愈演愈烈。这其实是头皮敏感造成的。健康的头皮上有一层由水和油脂所形成的透明薄膜,称为皮脂膜,可保护头皮。染烫、过度流汗、化学成分洗发水,都会造成皮脂膜被破坏,从而造成头皮敏感,含甘油基成分的洗护发产品能够滋润并放松头皮,适合敏感头皮使用。

秀发注氧

标签: Addyli 有氧护发

肌肤的含水比例约70%, 而发丝只有5%~10%, 如何为发丝注入水分与氧气, 有如精心培育一盆植物一般, 需要花些心思。Addyli 有氧系列, 能在头发充分吸收养分后, 闭合毛鳞片, 从而锁住水分。在家做发丝的有氧护理, 可以在洗发前做一个10~15分钟的滋润热发膜, 热气让毛鳞片张开, 养分更好地被吸收。而在洗发过程中, 也要注意洗发水需先在手中起泡, 而不是直接用在发丝上, 这样能让发丝减少伤害。

打造步骤:

Step1 用装有纯净水的喷壶把头发喷湿, 五成湿即可。

Step2 涂抹活力矿物发膜, 其中的矿物成分可自动发热, 帮助养分吸收。涂抹至距发根3~5厘米处即可, 用大拇指由发根部向下按摩, 停留10~15分钟之后冲洗。

Step3 取2~5毫升补氧护理洗发水在掌心, 用手揉搓起泡, 这样做比直接用在发丝上更加温和、避免伤害。

Step4 将洗发水的泡沫均匀地涂抹在发丝上, 5指分开伸入头皮, 全头进行顺时针按摩3次, 之后用纯净水冲洗干净。

Step5 取3~5毫升有氧冷护发素, 从发中部涂抹至发尾, 避免护发素涂抹到发根或头皮导致毛孔堵塞, 停留3分钟后用纯净水冲洗干净。

Step6 用吹风机选择适中温度吹干, 每次洗发后的吹干步骤非常必要, 可以维持头皮的洁净、健康。

Tips

Addyli 活力矿物发膜: 是具有自然活力热能量的发膜, 内含的阿干斯皮罗诺萨油有滋养头皮和强化发根的功效, 让头发光鲜亮泽、更加柔软。
Addyli 补氧护理洗发水: 能够增强头发的质感, 使头发更加柔软、有光泽, 能够改善因烫染而受损的发质, 滋润头发的同时并强化质感, 让你拥有更健康的头发。

Addyli
活力矿物发膜
Addyli 补氧护理
洗发水

强韧发根

标签: Hatsuga 预防脱发头皮护理

　　脱发是困扰现代人的病症，我们每天面对电脑屏幕、iPad、手机等散发的辐射，除了会令肌肤加速衰老，也会损伤头皮，造成毛囊生命衰竭，从而造成脱发的现象。此外，激素也是导致脱发的原因，例如女性生产后或是心情极度失落时，大量的脱发很容易造成"斑秃"的尴尬境遇。因此，头皮护理在近年来被重视起来。试想，头皮与我们面部的肌肤是一个整体，那么在我们花费大量精力护肤的同时，若是忽视了头皮的护理，让头皮衰老、松弛，面部肌肤同样会受到影响。

打造步骤:

Step1 在全头头皮上以十字交叉式涂抹头皮磨砂膏，温和地清洁毛囊内的灰尘、油脂、老化角质，之后用纯净水洗去。

Step2 顺时针和逆时针交替进行头皮指压按摩，令清洁后的头皮得到彻底的舒缓、放松。

Step3 取2~5毫升防脱无硅油洗发水，在手中揉搓起泡后涂抹在发丝上（无硅油洗发水通常泡沫含量较少）。

Step4 用指腹顺时针揉搓，清洁头皮和头发，之后用40摄氏度左右的温水冲洗头发。

Step5 取3~5毫升无硅油护发素，从发根涂抹至发梢（无硅油护发素不会造成毛囊堵塞，因此可以涂抹到发根），停留3~5分钟后，用纯净水洗去。

Step6 将生发水均匀喷洒在头皮处，之后用指腹"Z"字形按摩，重复2~3次，待吸收后用吹风机低温吹干头皮和头发。

Tips

Hatsuga 磨砂膏: 可以有效去掉皮肤上的死皮，使用起来清爽柔和，使皮肤得到彻底的舒缓、放松。

Hatsuga 护发素: 为干燥及发痒的头皮提供有效的保护和滋养，无硅油的头皮护理，适合头发和头皮使用，还能增加头发的弹性。

Hatsuga 生发水: 防脱精华剂能有效刺激发根，激发发根活性，有效防止脱发。

莹亮质感

美发广告中,女主角总是以一头如瀑长发示人,饱满、莹亮的发丝不但凸显健康的好发质,亦能彰显高贵气质。而这般完美的发质,其实只要在家勤加护理,便能轻松呈现。在古籍中,我们便得知头发是气血的象征。所以,除了环境等客观因素,在饮食和作息都没有规律时,头发就容易枯黄、脆弱、分叉、失去光泽。为发丝补充营养,需要富含蛋白质和微量元素等营养物质的洗护产品。

打造步骤:

Step1 取2~5毫升Lux洗发水,倒在掌心,在掌心内揉搓起泡,而后涂抹在头发上。

Step2 十指深入头皮,顺时针揉搓,之后按照"Z"字形按摩头皮5~10分钟。

Step3 用40摄氏度温水冲洗头发,之后取3~5毫升护发素均匀涂抹在发中至发尾,用手指梳理头发后,用纯净水冲洗干净。

Step4 选取适合自己的护发精油,滴2滴到发膜中混合均匀, 取6~10毫升掺入精油的发膜,在距发根5厘米处全头涂抹。

Step5 用大拇指由发根处向下揉搓按摩头皮,将头发夹起来5~10分钟后用冷水冲洗干净。

Step6 取2滴护发精油涂抹于湿发发尾,稍加按摩吸收后,用吹风机选择适中温度吹干。

Tips

Lux柔亮润发精华洗发露:针对日常的营养流失和损伤,运用卓越的护肤滋养成分,将具备极强的储水性能的透明质酸与胶原蛋白相结合,构筑秀发全面保水的第一道防线。

Lux新活柔亮精华发膜:富含护肤滋养成分,5倍于护发素的创新科技纳米胶原蛋白,超强储水保湿的透明质酸。

Lux柔亮润发精华洗发露

Lux新活柔亮精华发膜

chapter ⑤
FRINGE

变龄刘海

关于刘海的24种表情

　　人对刘海的执着，超乎你的想象。也许这是一种偏执，但你会发现，一个人驾驭不同的刘海造型，竟也有着微妙的差异。不论是从风格上还是从年龄上，刘海都拥有轻松改变的魔力。

妩媚长发

柔顺靓丽的长发，刘海相对也比较单一，要想变化出不同的风格，还需要一点儿巧思。开分的比例不同、刘海的走向区别，都能打造出完全不同的形象。

Charming
long hair

减 5岁

发半遮颜

　　斜分刘海，营造出"犹抱琵琶半遮面"的美感，发尾外卷，凸显潇洒、有活力的气场。

半月刘海

　　饱满、蓬松弧度的半月形刘海，不似齐刘海般刻板，更显质感。

时尚湿发

　　后背式的刘海，发丝别到耳后，用造型产品打理出湿发感，体现发丝的自然纹理。

蓬松高度

　　后背的刘海被吹出蓬松的高度，呈现自然的纹理，看似随意，实则气场十足。

卓韵弧度

　　向左偏分的刘海，被吹成蓬松的弧度，顺滑的发质是体现质感的关键。

优雅熟女

　　中分的刘海搭配自然的蓬松感，发丝则是大弧度外卷，体现熟女的风情。

5岁

减 5岁

锯齿偏分

将斜分的发际线划分成锯齿状,立刻显得俏皮起来。

二八开刘海

二八比例,不但能在视觉上增加发量,还能起到修饰脸型的效果。

四六开刘海

一点点微妙的偏移,会比刻板、传统的中分刘海更容易驾驭,也更显青春。

波浪侧刘海

　　20世纪80年代复古女明星的刘海,一不小心就暴露了年龄!当然,复古聚会上还是可以艳压群芳的!

All-back式

　　将刘海全部后背(All-back),十足的御姐气场!还可在此基础上增加湿发质感。

经典中分

　　经典,就是永不过时!例如中分刘海,无论哪个时代,它都是最稳妥的大气之选。

5岁

俏丽短发

　　与长发类似，短发的刘海样式也不多。但是，短发既可活泼可爱，又可沉稳干练，还能随意自然，只要搭配不同的刘海，就能随时变换风格。

Charming
short hair

5岁

羽毛齐刘海

刻板的齐刘海给人沉闷的印象，不如将刘海修剪出羽毛的质感，透出清新的空气感。

斜分发际线

摆脱笔直的线条，用斜分的方式，不但能让发量在视觉上增加，还能营造完美的弧度。

俏皮中分

短发的中分不好驾驭，这对模特的脸型要求较高，中分短发显得俏皮、可爱。

失重天平

　　二八开的刘海,发量多的一侧被营造出隆起的弧度,能够起到修饰脸型的效果。

利落后背式

　　后背式刘海搭配短发,更显利落、精干,用造型产品将发丝整理得更加服帖,体现精致感。

酷感骑士

　　二八开的刘海,发量多的一侧向斜后方吹成夸张的隆起,发丝别到耳后,像极了帅气的女骑士。

5岁

马尾情结

利落、简单的马尾，随着束起的紧实度不同、刘海的翻卷变化，时而青春洋溢，时而温婉可人，既能在通勤、约会中游刃有余，又能在晚宴、派对中独树一帜。

mawei complex

减 5岁

少女时代

利落的造型，刘海被全部扎进超高马尾中，露出光洁、饱满的额头，灵气满分。

气质名媛

同样是无刘海的设计，马尾的高度差异完全改变了模特的气质，脑后的垂顺马尾彰显名媛气质。

温婉小乔

刘海被松散地扎进低马尾，在两颊留下优美的弧度，像极了古代美女小乔，温婉而不失性感。

异域淑女

　　斜分的刘海,将发尾顺时针旋转,并加以固定,最终汇入侧梳的马尾中,凸显几分异域风。

玲珑发卷

　　看似简单的中分侧马尾造型,却在刘海上别具新意,将两侧的刘海分别顺时针旋转并固定,细节彰显完美气质。

摇滚狂潮

　　将刘海后梳,并营造超高的隆起,搭配侧马尾,呈现摇滚般的动感与叛逆。

5岁

chapter 6
ACCESSORIES
心机巧饰

工具 + 发饰
增添美丽心机

巧妙设计、方便好用的造型工具绝对是DIY发型的必备。想要明星般特别的发型,梳子、卷发棒、吹风机,还有你不知道的神秘造型单品,赶快学起来吧! 此外,发饰亦是给造型加分的关键,3款造型,手把手教你玩转发饰!

好用发梳

从梳子的样式、质地到功能,不同的梳子细分太多了!这里推荐的都是日常造型比较常用的款式。

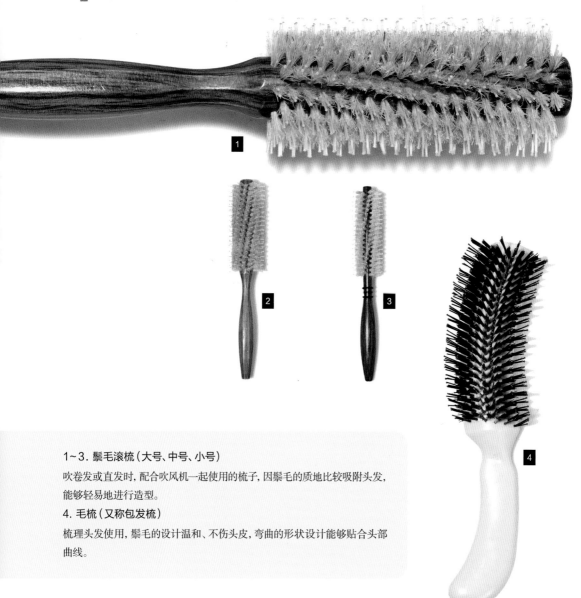

1~3. 鬃毛滚梳(大号、中号、小号)
吹卷发或直发时,配合吹风机一起使用的梳子,因鬃毛的质地比较吸附头发,能够轻易地进行造型。

4. 毛梳(又称包发梳)
梳理头发使用,鬃毛的设计温和、不伤头皮,弯曲的形状设计能够贴合头部曲线。

5. 滚梳

需要进行卷发造型时，这款梳子能够起到梳子+发卷二合一的效果，轻松造就自然、蓬松的大卷发。

6. 小滚梳

精致的细长身材，是打造小卷发时使用的，梳齿容易吸附头发，从而更好地进行造型。

7. 刷梳

便捷小巧的刷梳能够轻松地梳理表层头发，让头发更显服帖、顺滑。

8. 护理梳

可搭配精油、护发产品使用，将精油或护发产品涂抹在鬃毛上，就能均匀地梳理到每根头发上，并促进吸收。

9. 九排梳

多种用途的方便发梳，针对长发，可进行梳理、吹直或吹卷的辅助造型。

10. 排骨梳

主要用于男士短发造型，也可用来针对长发、直发或卷发造型。

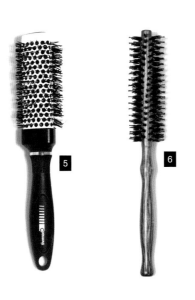

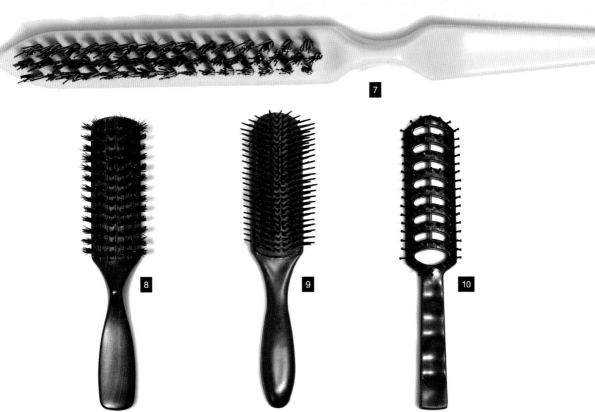

造型神器

对于这些造型辅助工具来说，称为"神器"绝对名副其实。巧妙运用，轻松DIY出百变造型！

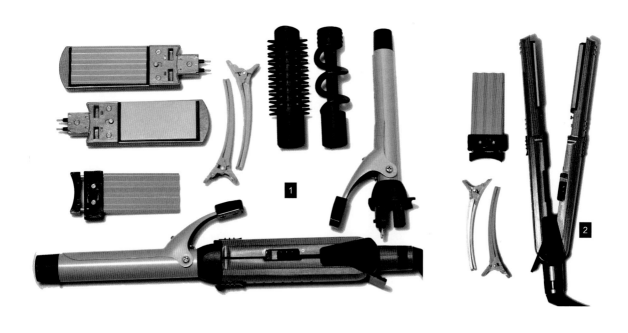

1. 造型工具套组

一根底座，换上不同的配件，就能变身电卷棒、直板夹、玉米夹，用于头发的不同造型。

2. 玉米夹

细小的波浪像极了"玉米穗"，故这种发型得名"玉米卷"，而玉米夹则能轻松营造浪漫的满头小卷发。

3. 直板夹

可以做直发造型，亦可通过扭转的方式做出卷度自然的造型。

4. 小号电卷棒

细长的加热棒，可以用来打造小卷发型。

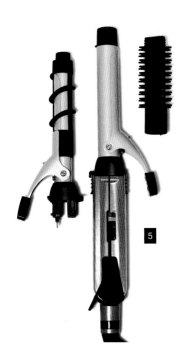

5. 电卷棒

3种不同的替换配件, 都是用于打造卷发的。

6. 大号电卷棒

做大卷发造型时使用的卷发棒, 粉红色的设计深得女性的喜爱。

7. 卷吹一体机

吹风与滚梳的结合体, 在做自然的卷发造型时, 只需这一支即可, 在梳理的同时可顺时针或逆时针转动、吹风, 解放双手。

8. 螺丝卷

卷发造型使用, 卷度和弹性相比传统卷发棒更好。

9. 电吹风

带直发吹头, 温和不伤头发, 用来吹干头发或与多种造型工具结合使用。

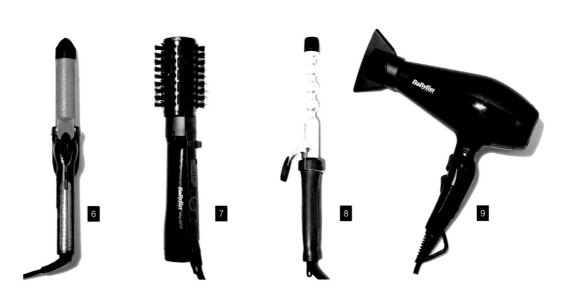

编发与发饰

想让具有时尚感的编发增加灵气与少女气息，一款与风格相得益彰的俏皮蝴蝶结发饰能帮你加分！

STYLE 1
巴比伦少女

蓬松、俏皮的蜈蚣辫，相当特别，搭配上黄蓝相间的蝴蝶结发饰，淡淡的异域少女风。

Babylon girl

打造步骤：

Step1 将全部头发分为3区，头顶处分成"V"字形，其他两部分均分，顺时针扭转、固定。

Step2 用Babyliss 22号自动卷发器分别对脑后的两部分头发进行分层造型。

Step3 把造型好的头发全部收拢到右侧，分3束进行鱼骨辫编织，而后用手指将鱼骨辫的发丝拉出，让鱼骨辫更加蓬松。

Step4 头顶刘海区运用Babyliss大卷梳向后梳理，并营造卷度。

Step5 把造型好的刘海区头发全部向后绕在一侧，并用发夹固定。

Step6 先用发胶均匀喷洒、定型，然后戴上发饰。

Tips

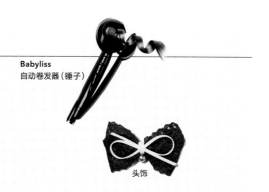

Babyliss 自动卷发器（锤子）
将发丝放入自动卷发器中，自动卷入全部头发，进行卷发造型，卷度更丰盈。

头饰
宝蓝色蕾丝，加上对比色明黄的细蝴蝶结，缀以白色珍珠，少女与优雅并重。

Babyliss
自动卷发器（锤子）

头饰

许愿精灵

丰盈的双编发, 搭配粉色
波点蝴蝶结发箍, 仿佛希腊许
愿池边的精灵, 可爱至极。

Cute spirit

130

打造步骤:

Step1 将全部头发分为3区,头顶处分成"V"字形,其他两部分均分,发际线分成"Z"字形,将发丝顺时针扭转、固定。

Step2 把左侧分区的头发编成3股辫后,用手指将辫子中的发丝拉出,让辫子更加蓬松。

Step3 把右侧分区的头发编成3股辫后,用手指将辫子中的发丝拉出,让辫子更加蓬松。

Step4 头顶处刘海区的头发用Babyliss-arrow卷吹一体机向后梳理、翻卷,卷出波纹感。

Step5 选取粉色波点复古蝴蝶结发箍,固定在头部。

Step6 选用定型喷雾,距发丝20厘米处均匀喷洒、定型。

Tips

Babyliss-arrow 卷吹一体机
吹风、梳理、卷发,三位一体的造型神器,解放双手,一器多用。
粉色头饰
桃粉色的蝴蝶结发带,缀以宝蓝色波点,轻复古的风格。

粉色头饰

Babyliss-arrow卷吹一体机

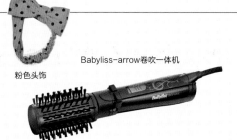

Lovely multistrand

STYLE 3
纯爱蜜语

　　丰盈浪漫的波浪卷中，编发装饰的细节尤其突出，缀以蓝白条纹的蝴蝶结发饰，在可爱的基础上更多了一分优雅迷人。

打造步骤:

Step1 将全部头发分为4区,头顶处分成"V"字形,两侧分到耳上,剩下的为第四区,将发丝顺时针扭转、固定,全头均匀喷洒3D蓬松水。

Step2 使用VS 20号电卷棒将第四区的头发向后翻卷、造型。

Step3 把两侧分区的发丝放下,分别编成3股辫。

Step4 头顶刘海区头发由左向右进行3股辫续发编织,发尾用发夹固定在右侧。

Step5 全部头发拨拢到右侧,用发夹固定,再用发胶定型。

Step6 选用蓝白条纹发带,装饰在头发上。

Tips

VS 10合1神器(电卷棒)
一根底座,换上不同的配件,就能变身电卷棒、直板夹、玉米夹,用于头发的不同造型。

蓝白条纹头饰
藏蓝色与白色相间的水手风蝴蝶结发带,百搭的经典之选。

蓝白条纹头饰

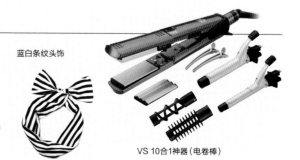

VS 10合1神器(电卷棒)

chapter 7

MEN

绅士风度

质感发型　简约有道

　　发型对于男生，是加分的关键。但是很多男生因为觉得自己打造发型过于复杂，很少做新的尝试与变化。其实，简单3步，5分钟，就能让你拥有型男般时尚、简约的发型!

JACK

造型总监
新加坡Starlist工作室
季风（上海）时尚造型

　　Starlist工作室中国地区最有号召力的造型师，同时被季风时尚造型特聘为国际造型总监。他最近正受到多本时尚杂志热捧，活跃于各大时尚秀场，并与多个品牌有密切接触，是名模、明星们的抢手发型师。

合作艺人及模特：

　　张静初、梁静茹、陈晓、俞灏明、戴阳天、应采儿、韩雪、Linda、张楠、SHE组合、张智成、李云迪、赖怡伶、许继丹、佘诗曼、林湘萍、黄靖伦、戴佩妮、秦舒培、游天翼、叶子、Paula Abdul、Aishwarya Rai等。

部分合作杂志及品牌：

　　Louis Vuitton、Armani Exchange、Dior、Judy Hua、Angel Gheng、新加坡《女友》杂志、*Vogue*、*GQ*、*MR STYLE*、Lux、日本POKKA饮料、Sephora、Ebaby、UNO、中央电视台第四届中新歌会、星尚频道、湖南卫视、2014环球小姐中国赛区等。

　　他认为对于时尚，对于美，不光要追求表面的，更要挖掘多层次的。美源自每个人的内心，每个人内在的个性展示出来，能带给身边的人独特的魅力。由内而外的美才会展示出一个人特有的美。

潮流不羁

斜分的刘海，遮住一半面庞，蓬松的质感与一点点卷度让气质更加潇洒、倜傥。有艺术气质的男生，总是散发出带着一点点危险气息的诱惑。

打造步骤：

Step1 用3D蓬松水距发根15厘米处喷洒，令头发更加蓬松、立体。

Step2 将刘海全部梳向一侧，用吹风机将发根吹干，并营造出立体质感。

Step3 把一侧的刘海分成若干份，进行顺时针扭转，并用直板夹从根部至发梢加热，营造微卷、蓬松的质感。

BEFORE

略长的短发，发量适中，刘海斜分，比较没有特色。

Tips

Hatsuga 3D 蓬松水：针对细软扁塌发质，使无力的头发可以蓬松起来，易于造型（建议短发用，长发难蓬松）。塑造有流动感又不失支撑的百变秀发造型，富有质感、丰盈蓬松且造型独特的效果。

Babyliss直板夹：直板夹通过系统设定温度、时间、方向，让卷发设计全程可控。更让人惊喜的是，直板夹有自然均衡加热设计，不伤发质，非常适合年轻人。

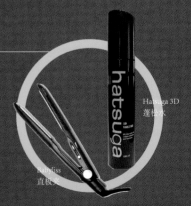

Hatsuga 3D
蓬松水

Babyliss
直板夹

立体刘海

将刘海置于头顶，并打造出蓬松的效果，提升整个人的精气神，酷酷的雅痞熟男横空出世。头顶的刘海不但能够隐藏发际线，还能在视觉上拉长脸型，并起到增高的效果。

打造步骤：

Step1 使用排骨梳和吹风机吹起发根，将刘海全部向后背起。

Step2 将鸡蛋大小的摩丝挤到手心，并均匀涂抹在头发上。

Step3 用吹风机向后吹头发，同时用发胶距头发30厘米处喷洒定型，最后用手指稍作整理。

BEFORE

Tips

Redken Full Effect 04号摩丝：不黏腻，不打结，营造出高发量感。维生素E可以防止褪色，过滤紫外线以保护头发免受环境的破坏。

Redken Control Addict 28号发胶：Redken最强效的定型发胶，24小时持续发挥定型和保湿效果，随时可塑形，无剥落，也无明显的残留物，先进的快干技术配方，综合最强的喷胶效果。

Redken Control
Addict 28号发胶

Redken Full Effect
04号摩丝

动感刘海

立体延伸的刘海，拥有强势气场，被戏谑地称为"花轮头"，酷似经典动漫中的贵气公子哥儿。

打造步骤：

Step1 距头发20厘米处，用定形喷雾将头发均匀喷湿。

Step2 将头发分成若干份，顺时针扭转，同时用吹风机吹出凌乱感。

Step3 距头发30厘米处，均匀喷洒发胶定型即可。

BEFORE

短发，覆盖额头的自然刘海，发量较多，比较容易打造出丰盈感的发型。

Tips

Kerastase 定形喷雾： 此款产品能够呈现出"海洋般的喷雾"风格，但是并不会有"盐巴"般黏黏的效果，让波浪的感觉变得更加多变，充满风味又柔顺。

Redken Control Addict 28号发胶： Redken最强效的定型发胶，24小时持续发挥定型和保湿效果，随时可塑形，无剥落，也无明显的残留物，先进的快干技术配方，综合最强的喷胶效果。

Kerastase
定形喷雾

Redken Control
Addict 28号发胶

微卷绅士

韩剧中男主角的发型无不蓬松、自然, 大多带着点儿优雅、精致的卷度, 就像《继承者》中的翩翩公子哥儿, 这样的发型能够在视觉上起到增加发量的效果。

打造步骤:

Step1 用3D蓬松水在距发根15厘米处喷洒, 令头发更加蓬松、立体。

Step2 用吹风机将发根吹干, 营造出立体质感。再将头发分成若干份, 用圆弧形夹板将发梢向一侧夹弯, 营造丰富的层次。

Step3 将发蜡取出黄豆粒大小, 用手心搓热后, 将发丝抓出纹理质感。

BEFORE

Tips

Hatsuga 3D 蓬松水: 针对细软扁塌发质, 使无力的头发蓬松, 易于造型(建议短发用, 长发难蓬松)。塑造有流动感又不失支撑的百变秀发造型, 富有质感、丰盈蓬松且造型独特。

Redken 20号发蜡: 打造个性化、挑战常规的形象, 营造强烈的磨砂质感, 真正塑造粗犷的风格。它独创的固定特性, 持久不易脱落而且能很好地控制造型、耐潮湿、不黏腻。

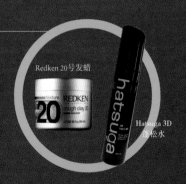

Redken 20号发蜡

Hatsuga 3D 蓬松水

艺术气息

雕刻般深邃分明的五官搭配随意却颇具质感的飘逸的半长发，让你散发致命的危险与诱惑气息。

打造步骤：

Step1 将头发分成若干份，取出一小束头发顺时针扭转，用电卷棒交叉竖卷。

Step2 将精华霜挤在手心中，约1元硬币大小，均匀涂抹在发丝上，用手指拨出凌乱状态，形成束状感。

Step3 用发胶喷雾在距头发30厘米处均匀喷洒、定型。

BEFORE

半长发，无卷度，头顶较扁塌，比较没有个人特色。

Tips

Redken Curvaceous Full Swirl 精华霜：2合1卷发波浪与精华霜配方打击毛糙，有效地锁住湿度。能够控制所有类型的卷曲并增强整体头发卷曲度。

L'oreal Art发胶：能塑造出复古的大波浪卷发，使卷发量多的发丝自然无重力地垂下，并且有强大的支撑力。

Redken Curvaceous Full Swirl 精华霜

L'oreal Art发胶

利落束发

慵懒的半长发，梳成光洁的低马尾，一丝不苟的精致得体，给人浪漫、体贴的印象。

打造步骤：

Step1 头发分成若干层，用直板夹分层把头发夹顺滑。

Step2 将1元硬币大小的Lux凝粹精华油倒在手心上，搓热后均匀涂抹至全部头发。

Step3 将头发全部向后梳理，在脑后扎起低马尾。

BEFORE

Tips

Lux凝粹精华油：特别添加浓纯焕亮因子及滋润毛鳞片精华油，快速滋养发丝，抚平毛糙，使用便捷，令秀发随时随地释放闪耀光芒！

黑色橡皮圈：精致的黑色橡皮筋，打造一个干净利落的束发。

黑色橡皮圈

Lux凝粹
精华油

日式卷发

看似随意的卷度，略微凌乱，却具有致命的吸引力，让人联想到当年意气风发的木村拓哉，让人爱到心疼。

打造步骤：

Step1 将鸡蛋大小的摩丝挤到手中，并均匀涂抹至全部头发。

Step2 将两侧和脑后的头发留出几缕不做造型，剩下的头发分成若干份，用中号卷发棒夹住发尾向外翻卷。

Step3 用定型喷雾在距头发30厘米处均匀喷洒、定型。

BEFORE

半长的发型，分成两个层次，发尾微卷，发量适中。

Tips

L'oreal Tecni Art 摩丝：能塑造出复古的大波浪卷发，使卷发量多的发丝自然无重力地垂下，并且有强大的支撑力。

Redken Quick Tease 15号发胶：丰盈再现完整喷雾定型液，三大特点合为一瓶：丰盈、质地和造型，能提升和锁定发型体量。卧式喷雾设计在发根底部产生提升力。

L'oreal Tecni Art 摩丝

Redken Quick Tease 15号发胶

风度君子

高高隆起的刘海，露出光洁的额头，随意散落的碎发，潇洒自然，是风度翩翩的君子，带着礼貌又安全的距离。

打造步骤：

Step1 头发分成若干层，用玉米夹分层造型，夹住发根5~10秒，营造蓬松感。

Step2 将头顶处的头发分出一个三角区域，用中号电卷棒向脑后翻卷。

Step3 用小发夹把两侧的头发收起固定，并用手指将头顶的头发拨拢蓬松。

BEFORE

Tips

VS 10合1神器（玉米夹）：在吹干头发后使用，适用于完全干燥的头发从中间长度到尾部。使用离子夹或吹干，可平顺头发并保持持久光滑。

VS 10合1神器（中号）电卷棒：独特的手柄可以灵活换配件，操控自如，可以更换不同的套管DIY不同的时尚造型，直发、卷发轻松拥有。

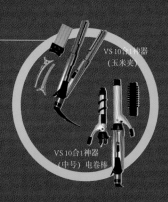

VS 10合1神器
（玉米夹）

VS 10合1神器
（中号）电卷棒

TONY LIU

季风（上海）高级总监
2015年担任季风造型的造型总监

　　季风工作室中国地区最具潜力的造型师，已有10年的美发经验，曾在新加坡Monsoon深造，在美发造型方面有自己独到的见解。目前备受多本时尚杂志的热捧，在各大时尚秀场，都会有Tony Liu忙碌的身影。

2005年进入标榜美发学院
2007年进入上海沙宣美发学院进修
2010年受邀与日本名师进行发艺交流
2011年进入北京几何构造发型学院　　担任高级讲师
2011年签约东田造型
2012年加入塞巴斯汀造型新锐团队
2013年加入新加坡Monsoon 团队
2014年回到Monsoon上海团队

参加媒体活动：
　　乐视网影视盛典、资生堂美发事业发布会 、Lux美丽成就梦想发布会、2014环球小姐中国赛区、梦龙上海秀、杭州万象城时装周、Max Mara Sport品牌秀、湖南卫视《我是大美人》、新加坡绝对Super Star比赛、央广视讯爱心公益活动等。

合作杂志：
　　《优家画报》、*Monday*、《嘉人》、《周末画报》、*Brpdes*、*Peak*、《时尚》等。

合作艺人：
　　侯宏澜、张可佳、朱洁静、SNH48女团、铃凯、毕夏、赖怡伶、许继丹、权怡风等。

微雕时代

贵气的短发造型，斜吹的头发青春洋
溢，在自身的基础上稍作调整，就能打造出
精致、微妙的微雕小时代。

打造步骤：

Step1 用吹风机将头发吹出蓬松感。

Step2 将头发分成若干层，用直板夹分
层造型，把头发夹出光泽、顺滑质感。

Step3 将鸡蛋大小的摩丝挤到手心，
均匀涂抹在发丝上定型。

BEFORE

短发，刘海
前梳，发量较
多，有较明显
层次感，比较
蓬松。

Tips

L' oreal Tecni Art 摩丝：能塑造出复古的大波
浪卷发，使卷发量多的发丝自然地垂下，并
且有强大的支撑力。

L' oreal Tecni
Art 摩丝

157

乖萌教授

韩剧中,都教授的形象深入人心,单眼皮的清秀型亚洲男生,非常适合这种厚厚的齐整刘海、诚实、可靠的大男孩儿气质。

打造步骤:

Step1 将刘海用发梳梳向前方。

Step2 将头发分成若干层,用小号电卷棒分层造型,向内侧翻卷,使头发蓬松。

Step3 将发蜡在手心搓热,涂在发丝上,用手指抓出束状感、纹理感。

BEFORE

Tips

Redken22号发蜡:有着高持久性的聚合物和多元塑形的质地。以奶油蜡的形式塑造出强力的造型。易于涂抹和黏性低。可以最后与涂抹好的其他产品相互混合。

VS 10合1神器(小号)电卷棒:卷发造型时使用的卷发棒,可以更换不同的套管让自己DIY不同的时尚造型,直发、卷发轻松造型,还可以旅行时放在旅行小包中。

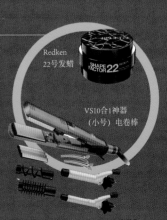

Redken 22号发蜡

VS10合1神器 (小号) 电卷棒

都市精英

All-back式的刘海,两侧的头发剃短,给人精明、干练的熟男印象,也在视觉上拉长脸型,起到瘦脸的效果。

打造步骤:

Step1 将头发分成若干份,用玉米夹板夹住发根5~10秒,将头发夹蓬松。

Step2 用卷发棒烫出纹理。

Step3 取出黄豆大小的发蜡,在手心搓热后,均匀涂抹在发丝上、定型,将头发抓出束状感。

BEFORE

短发,头顶头发略长,两侧及脑后均为短寸发型,发量较多,头发茂密、黑亮。

Tips

Redken 20号发蜡:打造个性化、挑战常规的形象,营造强烈的磨砂质感,真正塑造粗犷的风格。它独创的固定特性,持久不易脱落,而且能很好地控制造型,且耐潮湿、不黏腻。

Redken
20号发蜡

意气少年

层次感丰富的刘海，发丝内扣，微妙的卷度恰到好处，分寸之间，有减龄10岁的效果。

打造步骤：

Step1 待头发半湿时，将1元硬币大小的润发乳液挤到掌心，均匀涂抹至全头。

Step2 用吹风机将头发完全吹干。

Step3 将头发分层，用圆弧形夹板夹出弧度、蓬松感。用手指调整出发丝的纹理，最后用发胶定型。

Tips

L'oreal美发顺柔润发乳液：针对毛糙发质，能保持头发湿润，有效控制水分，保持平滑柔顺滋润的秀发。

Babyliss 吹风机：很好用的一款吹风机，护发恒定的温度，时尚的外观设计，搭配人性化的细节，使用起来得心应手。

Babyliss吹风机

L'oreal 美发顺柔润发乳液

Chapter 8

BEAUTY

美丽秘籍

护肤、彩妆
香水、饮食

关于如何变美，可以讲的实在太多了。除了时髦的发型与精致的妆容外，肌肤护理、内在调理和香氛的使用都是大有学问的。想要成为有质感的美女，一定要活到老学到老，永远保持对事物的新鲜感与好奇心。

毛毛

新加坡季风公司彩妆造型总监
品牌签约护肤老师
资深美妆护肤达人
明星达人

参与新加坡和马来西亚众多知名杂志、电视节目的拍摄工作，是新、马具有影响力的彩妆护肤老师。在国内与众多一线艺人多次合作，深受业内好评，成为多位艺人专属造型彩妆师。

尚趣网"2012 时尚新锐化妆师"。护肤品牌签约KOL。护肤品牌 中国区百场路演嘉宾老师。Labseries 中国区护肤老师。Skin79 彩妆护肤老师。

合作节目：

参与2014 年New York Fashion Week（纽约时装周）。2014 环球小姐中国赛区指定彩妆培训师。Mary Chia Mu 护肤品广告代言。

上海星尚频道《我为美丽狂》，上海艺术人文频道《翻箱底》，湖南卫视《我是大美人》，儿童节目《稚慧谷》，马来西亚8TV《夏娃记事本》《时代达人》，新加坡《LOVE FM97.2》。

Sephora 彩妆护肤视频录制达人老师。

合作艺人：

朱军、曹可凡、唐嫣、蔡淳佳、侯宏澜、羽西、赖怡伶、罗紫琳、许继丹、靳烨、许乃婧、唐立淇、毕夏、郭晶晶、严艺丹、黄靖伦、李国煌、许慧欣、戴阳天、孙耀琦、路易、浩天、施养德、陆蓉之、赵琦鑫、周大为、唐熙、陈丽娜、孙逸瞳、东方比利、张楠、叶子、帕西奥、子良等。

合作品牌：

环球唱片、索尼唱片、东芝、大众皆喜、东华拉塞尔学院、GBF 法国商品中心、Sketcher、中宇卫浴、搜房网、资生堂、ChinaJoy、Lux、Pond's、中央电视台第四届中新歌会、Pokka、Sephora、男人装、Lab series、黛安芬、Skin79、梦龙、ANAB、Dior、Mary Chia Mu、《女人我最大》、Jessica、《周末画报》。

SKIN CARE
肤如凝脂

妆容再完美，也需要依托完美的肌肤状态来体现。除了按照干性、中性、油性、敏感性的肌肤分类来说明，还针对肌肤存在的一些问题，分别给予了改善的方法。如果你也有类似的困扰，就赶快学起来吧！

▎干燥肌肤

干燥肌肤最难度过的便是秋、冬两季，起皮、紧绷，即使用过补水单品依旧很快变干。掌握肌肤的纹理，让水分充分被吸收，搭配适当的按摩，是安抚干燥肌肤的秘诀。

| Clvtil | Clvtil | Origins | Origins |
| 绵羊油洗面奶 | 深层滋养蜂蜜面霜 | 储水赋活精华素 | 水润畅饮保湿面膜 |

推荐单品：

Clvtil绵羊油洗面奶

Clvtil精选优质羊毛脂与天然蚕丝蛋白，搭配健康美肤维生素E，精心调制，是集肌肤清洁与护理为一体的完美比例配方。产品中性温和，却比一般碱性洗面奶的清洁效果要好，其中绵羊油的保湿滋养、蚕丝蛋白的紧致亮白、维生素E的修护润泽功效，使产品真正做到了集洁净、防护、滋养为一体，令肌肤清爽净透、水嫩白皙、鲜活有弹力！

Clvtil深层滋养蜂蜜面霜

绵羊油结构跟人体表面油脂相似，在所有动物油脂中最适宜人体使用，能使肌肤柔嫩、平整、有光泽，其保湿及润肤效果相当出色。对预防秋冬皮肤干燥效果相当明显，绵羊油虽是油脂，却没有一点儿油腻感。

含保湿因子，充分润肤，并添加维生素E，维生素E是肌肤抗氧化剂，能延缓肌肤衰老，可滋养干燥肌肤，恢复皮肤弹性。

Origins储水赋活精华素

Origins储水赋活精华素是Origins悦木之源储水赋活精华素升级后的产品，质地更加轻薄滋润，涂抹后肌肤迅速润泽并充满光彩。富含西瓜、荔枝萃取精华，迅速渗透至肌肤内部，促进天然保湿因子形成，令肌肤自"生"水。同时，配合明星皇牌保湿成分复活草精粹，令细胞把水分牢牢储藏。肌肤内部形成天然储水库，使用后肌肤内部充盈，外部立现水润光泽。适合所有肤质使用。于化妆水后使用，并搭配储水赋活面霜系列效果更佳。

Origins水润畅饮保湿面膜

可提供肌肤每天必需的基本水分补充，强力解决肌肤干渴干燥，仿佛将水分一饮而尽，令脸部迅速恢复水嫩光滑，重获柔和水漾光彩。所有肤质适用。

使用洁面皂或洁面乳时，先在起泡网上打出丰富细腻的泡沫，然后用指腹将泡沫在面部轻轻揉搓，细腻的泡沫可以使污垢浮起并清除，且不会带走皮肤的水分。

利用喷壶，将水均匀地喷洒于整个面部。反复喷洒20~30次，表情肌肉会得到镇静放松，毛孔收缩，肌肤会变得水润有弹性，并且增加透明度。

将化妆棉完全打湿，并倒上1元硬币大小的化妆水，轻柔地拍打面部，刺激面部的血液循环，加强肌肤的新陈代谢，使肌肤饱满通透，增添好气色。

涂抹上保湿精华液，然后利用手心和手指的温度按压肌肤，使产品更容易渗透吸收。

涂抹完乳液后，可以用指关节对面部进行轻柔按摩，促进吸收，并加强面部血液循环，提升肌肤活力。

特别干燥的肌肤，可以在临睡前涂抹睡眠面膜。如果局部干燥，也可在小范围内涂抹睡眠面膜。

衰老肌肤

随着环境的恶化,肌肤备受考验,老化也被提前了。但是,25岁开始抗老的说法未免过于片面,要根据自身的肌肤状态提早进行抗衰老的护理。

Origins
活力焕亮保湿凝乳

Pola BA
赋颜晨光化妆水

ANAB
提升紧致精华啫喱

Skin 79
10秒面膜

推荐单品:

Origins活力焕亮保湿凝乳

Origins活力焕亮保湿凝乳(咖啡早安霜),特有咖啡因醒神精粹,以顶级咖啡醒神能量,加速肌肤新陈代谢,排出肌肤多余水分,消除倦意,活力就在刹那释放。3种天然植萃精油,轻嗅之下,每寸肌肤被香甜沁神的精油能量紧紧萦绕。轻触一瞬,一整天的水润被牢牢沁入肌肤。冰一冰,神奇变身冰激凌质感,瞬间提升醒肤力,肌肤每时每刻活力、水润、亮采。

Pola BA赋颜晨光化妆水

积雪草精华赋予纤维芽母细胞活力,主动生成胶原蛋白,呈现更加年轻的健康肌肤。

ANAB提升紧致精华啫喱

随着时间的流逝,身体的新陈代谢减弱,体内胶原蛋白慢慢消逝,皮肤吸收营养的能力也下降了,这个时候需要选择利于皮肤吸收的小分子抗皱产品。

Skin 79 10秒面膜

一片蕴含了爽肤水、精华液和乳液面膜的全部功效,作为提升面部的介质使用,效果显著。

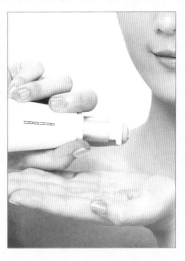

在涂抹化妆水时应该遵循由下至上、由内至外的方式。在护肤步骤上，第一步一定要进行补水，只有皮肤充满水分，后续产品才可以更好地吸收。

衰老肌肤所需的养分比一般肌肤要高，在补水打底的保养动作完成后，需要再加一层含有抗氧化功能的化妆水或精华水类产品，轻拍至吸收。

随着时间的流逝，身体的新陈代谢减弱，体内胶原蛋白慢慢消逝，皮肤吸收营养的能力也下降了，这个时候需要选择利于皮肤吸收的小分子抗皱产品。

将精华液倒入掌心，双手合拢、按压，使之温热，再用双手手掌包裹住脸颊，将面部肌肉由下往上托起，由内至外轻提式按摩。

涂抹面霜7步提升法：①从下巴向耳垂推开。②从鼻翼向耳中推开。③从内眼角推至太阳穴。④由下至上涂抹鼻梁。⑤从额头的中心开始往外推开涂抹。⑥从额头中部顺鼻梁向下按摩。⑦涂抹鼻翼，唇部周围细节部分。

搓热手掌，轻托面部，利用手掌温度让护肤品更好地吸收，有助于提升轮廓线。

痘痘肌肤

　　痘痘并不是青少年的专利, 熬夜、情绪低落、口味过重、环境污染, 都会造成痘痘的突发生成。面对突如其来的痘痘困扰, 该如何解决呢?

推荐单品:

Clvtil澳洲绵羊油沐浴皂

Clvtil澳洲绵羊油沐浴皂8大功效:

1. 深透净肤, 高效洁肤因子, 深入肌底, 全面清理肌肤。
2. 柔和亲肤, 绵密温性泡沫, 细腻无刺激, 清爽不紧涩, 莹润滋养。
3. 莹润锁水, 在肌肤表层形成透气保护膜, 持久保湿。
4. 深层滋养, 特有养肤精华, 急速渗透, 营养肌肤, 紧致活肤。
5. 饱和润泽, 水嫩紧实肌肤, 亮泽有弹性。
6. 活化新生, 促进肌肤新陈代谢, 加速组织再生, 舒养修护。
7. 清透舒缓, 芳香怡人, 调节情绪, 减压助眠。
8. 修护肌肤, 抗菌消炎, 加速小创口愈合。

Clvtil
澳洲绵羊油沐浴皂

Origins
活性炭清透洁肤面膜

Origins活性炭清透洁肤面膜

　　毛孔的清道夫, 如磁铁般吸附毛孔中的过多油质、污物, 减少暗疮形成。同时, 具有镇定功效负离子, 让肌肤更舒缓放松, 自在呼吸。

ANAB柔和卸妆乳

　　卸妆并清除脂溶性污垢, 产品的微细离子紧锁污垢, 防止其再次附着, 使面部保持长时间舒爽。无添加, 无色素, 敏感肌肤也可以安心使用。

Sisley 花香化妆水

　　含有矢车菊、金缕梅等成分, 除具有保湿功效外, 还可镇定、舒缓、紧实、收敛肌肤, 不含酒精。香味很好闻, 使用的时候感觉沐浴在花香中, 很好的享受。使用后肌肤感觉很紧致, 柔嫩滋润。

ANAB
柔和卸妆乳

Sisley
花香化妆水

　　痘痘肌肤新陈代谢缓慢，皮肤角质容易过厚不平整。温和地卸除多余废旧角质非常重要，并且可以让后续产品更好地吸收。

　　痘痘肌肤油脂分泌旺盛，每天的卸妆步骤一定要有，不光是卸除彩妆、隔离霜，更要卸除每天分泌的多余油脂。

　　一般痘痘肌肤，大家都会选择控油产品，但效果却是让皮肤更加干燥。痘痘肌肤需要更多的水分，让肌肤水油比例达到平衡。

　　现在城市空气污染严重，生活节奏加快，每周记得要给肌肤来个大扫除，做个深层清洁面膜，将肌肤深层难以清除的污垢清理出来，减少痘痘痘源。

　　由于内分泌紊乱、体内毒素积累过多造成的痘痘，可以配合祛痘精华进行淋巴排毒按摩。在耳垂内侧耳下部位、脖子两侧、锁骨附近凹陷处、腋下轻按，有助于体内毒素排出。

　　痘痘很容易引起细菌感染，这个时候应该避免用手直接接触伤口，使用消炎杀菌的产品对伤口进行处理。

敏感肌肤

对于敏感肌肤来说，过敏原无处不在：添加香料与色素的化妆品、污浊的空气、变换的季节、辛辣的饮食……过敏后，肌肤红痒难耐，与任何彩妆都无缘了，只能闭关静养。

推荐单品：

Skin 79 BB 洗面奶

添加了燕麦粉、奇雅子和植物弹力萃取精华，让洗后的肌肤保湿不紧绷；专利的多花马鞍树和桑葚及银杏萃取物，能够深层美白，打造晶透白肌；薰衣草、迷迭香等香草萃取物复合体，让你轻松拥有焕亮光彩；无色素添加，所以是低刺激性，即使是敏感性肤质也能安心使用。

Skin 79 cc 遮瑕膏

生态草本复合物（罗马尼埃提取物、洋甘菊花水、薰衣草水、迷迭香叶水）有效美白，改善皱纹，塑造滋润健康的肤色，给肌肤提供丰富的营养，有效平衡肌肤油水。

Skin 79 BB
洗面奶

Skin 79 cc
遮瑕膏

Clvtil 澳洲绵羊油身体乳

绵羊油最大的特点是滋润且毫不油腻，吸收好，软滑细腻，其良好的渗透性、滋润性和亲肤性，让它有着"神奇的绵羊油"的美誉，是天然护肤养发圣品。Clvtil专注于绵羊油系列产品研究，精选澳洲天然优质羊毛脂，荟萃多国天然润养精粹，结合亚洲地区的东方肌肤特点，定制独特配方，为受众们带来全新的滋养体验。

Evelom 洗面奶

所有肤质包括敏感肌肤都适用，具有深层洁净及修护功效，质地比同系列的卸妆洁面霜更为轻盈，它能轻易被推开，清洗亦更为容易，让你在匆忙的早上都能轻松地完成洁面程序，让肌肤恢复清新水润。把适量洗面奶挤于掌心，让手掌的温度把洗面奶暖化，然后涂抹于脸部及颈项，并以打圈的方式轻轻按摩，待2分钟后，用水把洗面奶冲洗干净。适合每天使用，建议配合卸妆洁面霜，分别于早、晚洁面时使用。

Clvtil 澳洲绵羊油
身体乳

Evelom
洗面奶

　　敏感肌肤在挑选卸妆产品时，应避免使用油类产品。选择更安全的乳状或者啫喱状无添加产品。

　　敏感肌肤分为先天性和后天性两种，前者是先天性皮肤薄且敏感，后者是由于长期护理不当造成皮肤角质层损伤、变薄而形成的。应避免过度清洁，清洁后请用面巾纸吸除面部多余水分，避免面部过多摩擦。

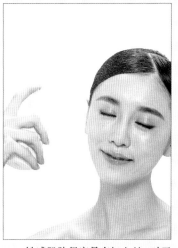

　　敏感肌肤很容易有红血丝，对于各式各样的护肤品耐受力也不强，应减少皮肤的摩擦刺激，可利用喷洒的方式使用化妆水，舒缓皮肤。尽量挑选无添加、纯天然成分的产品。

　　敏感肌肤因为角质层薄，过冷、过热、情绪激动时脸部容易发红、发烫，水分及养分流失快。可使用化妆水加精华液自制面膜，深层补水，镇定并加强肌肤基底细胞活力。

　　敏感肌肤的人一般皮肤都比较干燥粗糙，严重者还会形成沉积性色斑。在面霜的选择上应挑选保湿力强且持久的产品，并且要天然温和不刺激。

　　由于肌肤的耐受力差，在涂抹方式上应轻缓，可使用中指和无名指指腹轻柔按压，直至产品完全吸收。

▍暗沉肌肤

　　明亮、通透的肌肤给人健康、漂亮的印象,可以遮盖五官的瑕疵。反之,暗沉的肌肤则让人觉得死气沉沉。利用按摩和集中护理的手法加速肌肤的微循环,是收获好气色不错的方法。

推荐单品:

Bobbi Brown 隔离防晒乳

　　这款底霜用后皮肤很滋润,即使在寒冷的冬天也不会起皮。在这款底霜之后用粉底会比较好推开。这款底霜最突出的作用是滋润保湿,防晒和控油效果一般,适合于干燥皮肤,冬天太阳不太强烈的时候用。

ANAB 活颜精华露

　　含有二裂酵母发酵产物溶胞物,能够紧致肌肤,改善皱纹及晦暗肌肤,有助于肌肤充满活力,提亮肤色,增加后续精华液的吸收。应持续使用富含维生素C的精华液,维生素C具有抑制黑色素及帮助皮肤更新的作用,对皮肤健康十分重要。

Pond's 保湿修护精华胶原蛋白血清

　　保持肌肤的饱满,有效时间达24小时。灵感来自深海,创新配方包含纯瑞士冰川水和海洋胶原蛋白。

Lamer 奇迹精华面霜

　　低温生物发酵,将那些貌似普通的成分升华为神奇活性精粹,是精华面霜具有卓越修护功效的核心。

Bobbi Brown
隔离防晒乳

ANAB
活颜精华露

Pond's
保湿修护精华胶原
蛋白血清

Lamer
奇迹精华面霜

角质的健康平衡是肤质靓丽的首要前提，因此祛除老废角质就相当重要。使用温和的清洁卸妆泡沫代替去角质霜，每天帮助肌肤代谢多余角质。

水分的缺失也是造成皮肤暗沉的原因之一，在使用化妆水时，注意涂抹的方法和次数：涂抹第一层化妆水时，用化妆棉由下至上轻轻擦拭，涂抹第二层的时候，改用棉片轻拍。

肤色暗沉，可以使用钢琴指按摩法：利用双手手指指腹，在全脸做快速的拍弹动作，就像在弹钢琴一样，至少要拍弹100下。靠指腹拍弹是一种有效的增强新陈代谢、促进血液循环的按摩方法。

应持续使用富含维生素C的精华液，维生素C具有抑制黑色素及帮助肌肤新陈代谢的作用，对肌肤健康十分重要。

将精华液局部湿敷在暗沉严重部位：面部周围、耳垂内侧凹陷处、脖子两侧、锁骨附近凹陷部位、腋下的淋巴结部位，轻轻按压，帮助体内毒素更顺畅地排出。

在护肤的最后阶段，根据肤质选择清爽或滋润型的面霜。白天记得涂抹隔离防晒霜，室内活动推荐使用SPF15～SPF20或PA+的防晒产品，室外请根据实际情况选择SPF25～SPF50或PA++～PA+++的产品。

JOHN LEE

李文强（John Lee）在短短6年的时间里给化妆领域留下了深刻的印象，他的实力使他在这个行业里游刃有余。他曾参与过许多奢侈品品牌，例如兰蔻、迪奥、卡地亚和伯爵等时尚品牌秀的造型工作。

同时，他担任过化妆造型的杂志包括《时尚芭莎》、*Cosmopolitan*等，以及为吴建豪、Lisa S等明星完成过妆面造型。

合作艺人：

胡杏儿、Spice Girls 成员——Melanie C。

合作品牌：

Dior、MAC、Lancôme、Laneige、Estee Lauder、Calvin Klein、Max Mara、Dsquared、Y3。

合作节目：

2013中国环球小姐、Elite Model 选举、Asia Got Talent 2015、Supermodel Me Season3。

合作杂志：

Cosmo、*Revolution*、*Harper Bazaar*、*CLEO*、*Seventeen*、*Shape*、*Prestige*。

打造步骤:

Step1 涂抹隔离乳后,用染眉膏轻轻刷涂眉毛,塑造颜色自然、立体质感的双眉。

Step2 选择中号眼影刷,蘸取裸色眼影,大面积刷涂眼窝,做烟熏眼妆的打底。

Step3 用中号眼影刷蘸取浅咖啡色眼影,沿眼线向上渐层晕染。

Step4 选用小号眼影刷,蘸取深咖啡色眼影,在下眼线眼中至眼尾处勾勒晕染。

Step5 选用浓密卷翘的假睫毛,用镊子辅助粘贴在自身睫毛根部,待干透后均匀刷上一层睫毛膏。

Step6 用眼线笔勾画调整眼睛周围的线条,把眼睛边缘修饰得更加立体、精致。

BEFORE

Tips

Bobbi Brown莹采润泽妆前隔离乳SPF25 PA++

Bobbi Brown星纱颜彩盘

Bobbi Brown
莹采润泽
妆前隔离乳
SPF25PA++

Bobbi Brown
星纱颜彩盘

娇唇欲滴

浓烈、炙热的红，搭配干净、简约的面部妆容，表现出质感、时尚的气质。

打造步骤：

Step1 用染眉膏轻轻刷涂眉毛，塑造颜色自然、立体质感的双眉。

Step2 选用黑色防水眼线液，自眼头开始向眼尾勾勒，在眼尾处向上30度延伸1厘米。

Step3 选用黑色防水眼线笔，在下眼线后半段1/3处向眼尾勾勒。

Step4 选用红色唇线笔，勾勒出清晰的唇形，以便后续红唇造型更加富有质感。

Step5 选用正红色唇膏，用唇刷蘸取并均匀刷涂在唇线以内。

Step6 用腮红刷蘸取粉色腮红，在苹果肌至太阳穴的方向斜扫，增添明媚好气色。

BEFORE

Tips

Bobbi Brown美妆利器（针对亚洲女性肌肤普遍的偏黄、暗哑问题，推出的一款让肌肤瞬间提升光泽的美妆利器）
Bobbi Brown炫彩透润唇膏

Bobbi Brown 美妆利器

Bobbi Brown 炫彩透润唇膏

明眸善睐

质感裸妆,将东方特色的丹凤眼烘托得极具灵魂。

打造步骤:

Step1 使用防晒乳和粉妆条后,选用自然棕色眉笔,自眉中部向眉尾勾勒,打造自然的一字粗眉妆。

Step2 用大号眼影刷蘸取珍珠色眼影,大面积刷涂眼窝,做眼妆的打底工作。

Step3 用棕色眼线笔从眼头开始向眼尾勾勒,并向上均匀晕染。

Step4 选用纤长自然的假睫毛,用镊子辅助粘贴在自身睫毛根部,待干透后均匀刷上一层睫毛膏。

Step5 选用桃红色的腮红膏,斜扫在苹果肌的位置,并用手指晕染开来。

Step6 选用与腮红同色系的自然感桃红色唇膏,均匀涂抹在双唇上。

BEFORE

Tips

Bobbi Brown隔离防晒乳
Bobbi Brown舒盈平衡粉妆条

Bobbi Brown
舒盈平衡
粉妆条

Bobbi Brown
隔离防晒乳

185

EATING
吃出漂亮

　　美丽需要内外兼修，不但要拥有漂亮的发型和妆容，还要有由内而外的健康之美，而健康离不开饮食，多注意饮食健康，可以带给你身体和精神的双重好状态。

Simon: Addy老师是个美食主义者，请问老师针对美食是如何选择的，有什么原则？

Addy Lee: 我是爱吃、爱寻觅美食的。无论到什么地方去，我一定要先向朋友打听，把当地的特产、美食都找出来，而且要找最好吃、最地道的那家。即使是在新加坡也一样，我在挑肉骨茶、虾面的时候，会遵守少油为主的原则，这样才能吃到食物的原味，保持健康，才能一直吃下去！

Simon: Addy老师工作很忙，听说却是很少生病的，请问老师在保健上下了什么功夫吗？

Addy Lee: 我自己觉得健康最重要的就是能吃，但同时排便也要顺畅。我非常注重肠道的健康，人家都说"肠道顾得好，健康就是宝"。再加上我的工作需要到处跑，一定会经常吃外食，难免会吃进一些不良的食材，且3个国家跑动，压力是很大的，肠道健康难免会亮红灯。我少生病的一个原因是我的免疫力不错，抵抗力也好。经过营养老师的建议，我会定期补充肠道益生菌，维持肠道健康。当有什么病痛、压力来袭时，我的良菌比败菌多，自然就免疫力高，且排便也通畅。

Simon: 可以给我们一个每天都要坚持的保健方法吗？

Addy Lee: 喝水。大家别小看这个简单的动作，对保养是很重要的！我每天都坚持喝至少2升的水，而且排尿量也要有1.5升才健康。每天早上起床，我就会喝500毫升温开水，这样有通便的作用。一旦口渴就要喝水，要注意是一口一口地喝，而不是大量灌，否则会对膀胱产生压力。另外，我洗澡后都会喝一杯水，睡前也喝一小杯，这些都是每天要坚持的喝水保健法。

Simon: Addy老师每天在外面工作，对选择饮料有什么建议？

Addy Lee: 我比较喜欢清淡的饮品，而且作为华人，我习惯喝从小一直喝的茶饮，比如白菊花茶、乌龙茶、绿茶等。每次在喝这些饮品时，我就仿佛回到小时候，妈妈天热煮菊花茶，在庭院泡乌龙茶时全家聚在一起聊天，或是带绿茶到学校的日子，这些饮料传统、时尚又方便。我对饮料很挑剔，只挑三"无"品牌，即POKKA，因为它没有防腐剂、没有人工色素、没有提取浓缩，那股蜂蜜味好喝又健康。

Simon: Addy老师动力十足，且创意不断，请问老师在脑力补充上有什么秘诀吗？

Addy Lee: 在这方面我有一个建议和一个习惯。建议就是我随着年龄不断增长，营养流失会增加且外食时会少摄取绿叶菜，所以每天要定时补充维生素B，因为它扮演着神经传导及能量补充的角色。另一个习惯就是，认识我的人都知道，我爱吃鱼、爱吃日本料理，主要是因为鱼类中含有多元不饱和脂肪酸，它会帮助我们提升学习力及理解记忆力。因为维生素B充足，我入睡很容易，偶尔打个盹儿，对补充精力很有帮助。

Simon: Addy老师要经营管理，要做造型，上节目，还要3个国家跑，每天从早忙到晚，活力还是很足，有什么秘诀呢？

Addy Lee: 我的经验告诉我，人要有动力及活力，跟血糖是密切相关的。所以一天下来，我偶尔会补充微甜少糖的饮料，但是考虑到肥胖问题，我坚持喝的含糖饮料一定要比一般饮料少25%的糖分，大概就是0.7%的糖，或以7克／1000毫升为原则选择。饮料中添加的糖最好是低聚糖，热量比较低。而且我喜欢含蔬菜成分的饮料，因为叶绿素对抗氧化、降血脂、抗敏感、降老化都有间接性的帮助。

Simon: Addy老师在预防脱发及保养头皮的营养摄取上有什么建议？

Addy Lee: 从3方面着手：第一是要注意维生素A的摄取，最经济的食材就是胡萝卜，因为它对维护头皮的健康有很大帮助；第二是坚果类，比如核桃、腰果、杏仁，因为其中含有丰富的钙和锌元素，对头皮的健康维护也有重要作用；第三是蛋白质，包括蛋类、乳类、肉类、豆类，有Omega-3的鲑鱼，还有维生素B_{12}，这些都是毛发生长的重要营养来源。但这些食补都是预防，如果已经有脱发问题了，治疗就要另当别论了。此外还要提醒大家，为了瘦身而节食时，以上食材更要注意摄取，否则会有脱发风险。

Simon: Addy老师对油炸食品及多油食物有什么看法？

Addy Lee: 当然我偶尔也会吃，酥脆可口的美味是让人无法抗拒的。我们都知道它会带来的健康问题，包括肠胃负担和产生致癌物质，并且对心脏的健康和血管类疾病都有很大的影响，且高油脂也会造成油性头皮及油性皮肤，还会造成脱发。我建议吃的时候尽量把油炸裹粉去除及去皮后再吃，至少可以减轻一些不良影响。

时尚营养瘦身老师——黄斯庆（Simon）老师（Mr. Simon Ooi）

Facebook：simonooi69@hotmail.com

"国立"台湾大学理学学士。

14年营养瘦身及美容护肤顾问及培训导师。

成功带领三大美容瘦身品牌集团在市场占有一席之地，培训上千位美容师。

大马讲师协会合格讲师及培训师，专门负责青少年及企业员工激励讲座。

《风采》时尚杂志指定时尚瘦身专栏作家为期4年。

《时尚》杂志指定美容护肤专栏作家为期1年。

报章营养及瘦身专题报道指定导师。

马来西亚国营电台"爱FM"定期营养及时尚瘦身特别嘉宾为期3年。

马来西亚国营电视"TV2"时尚节目谈营养瘦身及科技瘦身指定嘉宾。

NTV7《活力早晨》及8TV《夏娃记事木》指定营养老师。

《美味风采》杂志的时尚营养瘦身西门餐点的定期烹调师。

电台988特约瘦身课题特邀老师。

医学美容组织在电视台宣传的发言人。

"时尚养生排毒123"指定讲师。

"如何成功瘦身及不复胖"电台听众工作坊营养瘦身指定讲师。

自己学以致用，成功瘦身42千克，26年不复胖，不断将专业知识与经验传授出去，协助大家建立自信心及时尚美。

Simon老师的营养瘦身贴士：

成功瘦身42千克，且保持26年不复胖的Simon老师关于瘦身有3个座右铭：1. "饮食篇"的7分饱，每餐20分钟及咀嚼20下，饮食金字塔，热量不减定律；2. "运动篇"的333，即每周3天，每次30分钟，心率达到130次/分；3. "行为篇"的瘦身日记即天下无难事，只怕有心人。进入不惑之年，对健康提倡"三吃"；"吃天然""吃原味""吃新鲜"。

PERFUME
闻香识女人

一个个精巧的玻璃瓶中，颜色各异的液体散发着令人沉醉的香氛。每一瓶香水都像是一个情节丰富的故事，等待被发现、解读。而每一个用香之人，在不同的场合、不同的造型中，都能找到专属于自己的香氛记忆，这便是香氛的奇妙之处。

▌用香之道

为季节配搭的香水

春天：温度偏低，但气候已开始转向潮湿，香氛挥发性较低，适宜选用清新花香或水果花香的香水。

夏天：气候炎热潮湿，动辄汗流浃背，一定要选气味清新且挥发性较强的香水，中性感觉的清新植物香和天然草木清香都是理想选择。

秋季：气候干燥，秋风送爽，可使用香气较浓，略带辛辣味的植物香型。可选带甜调的果香或化学成分较高的乙醛花香。

冬季：在厚厚的衣物之下，更需浓浓的香氛驱走寒气，清甜花香和辛辣调的浓香都是理想选择。

为空间配搭的香水

密闭空间：在车厢、戏院等空气循环不佳的空间里不要涂浓烈的香水，以免刺鼻的香味影响他人，所以最好免涂浓度高、挥发性强的香水。

餐厅：进餐前一般不要涂浓烈的香水，皆因美食、香氛不可兼得。

医院：香味并非任何一个人闻了都会舒服，进类似医院这样的公共场所，还是对香水说声"再见"比较好。

为场合配搭的香水

婚礼：这种喜洋洋的场合，香氛可以倍增喜气。白天可以选择淡香水，晚上则可选择浓香水。

约会：选用柑橘水果和苔类香草为原料的香水，内含令人增添吸引力的成分。

雨天：潮湿的空气使香气在水分重的区域内难以弥散，选用淡香水为宜。

户外：运动和逛街都易流汗，汗水与香水味混合在一起总会让人敬而远之，这时要选用无酒精香水或运动型香水。

睡眠：薰衣草或玫瑰香油有改善睡眠质量的功效，临睡前，在枕下少涂一点儿，一晚香梦随之而来。

Zegna Uomo 唯我男士淡香氛

杰尼亚佛手柑是专为制造杰尼亚香氛而种植的天然原料,释放令人愉悦的清新香调。香根草,优雅又不失活力,沉稳而绝不沉闷,赋予香氛一味独特的清新阳刚气息。独特的"魅力紫罗兰"(Violettyne Captive)萃取紫罗兰充满活力的浓郁芬芳,为香氛平添一份"金属跃动",让整个香调更显清透持久。独特的温暖气息为男士平添一份磁性魅力。

Coach Legacy 传承女士香氛

Coach Legacy香水味道清新而优雅,花香调温暖而撩人,摩登优雅成为这款香氛的核心。前调:意大利佛手柑和柑橘香构成的摩登前味为香氛增添了活泼气息。中调:中味混合了充满异域风情的花瓣芳香,包含珍稀橙花纯香、巴西栀子花、用自然捕香技术采集的金银花和茉莉花瓣,给人甜蜜、自信之感。后调:绵柔安息香和温婉雪松木构成的时尚香调萦绕肌肤,散发极致舒适,微显性感挑逗,展露纯净奢华。

Coach Signature 经典淡香氛

Coach Signature糅合了独特的清新柔美的花香调和典雅香调,为女性的娇媚锦上添花,并塑造超越时空的精致优雅女性。前调:以柑橘香味为主调,酸甜青蜜柑、番石榴、动人紫罗兰花瓣,愉悦的前调气息令人仿佛拥有精灵般舞动于大自然间的娇俏活力;中调:含蜂蜜、橙花、含羞草、茉莉、珀木香味,温润气味增加了精致女人的温柔婉约气息,这就是经典的香氛醉人之处。

Michael Kors 香水喷雾

Michael Kors性感琥珀香水喷雾带来清爽及光彩夺目的感觉。初调:月下香、小苍兰、栀子花及百合花。基调:檀香、小山羊皮、龙涎香及麝香。持久的香气带来整日清爽的感觉,增添了一丝冷静的气息,所有独当一面的香气特质同时展现,让香气更为细致。

DRINK
想美？ 别忘了这些日常健康饮食

经常在外奔波工作的Simon老师是个不折不扣的养生达人，他的美丽观念是"由内而外才能得到恒久的健康美丽"。如何在享受美味饮品的同时保持健康、苗条，听Simon老师的就对了！

▍美丽饮品之道

纯净水： 养成早晚各饮一杯纯净水的习惯。早上的一杯可以清洁肠道，补充夜间失去的水分；晚上的一杯则能保证一夜之间血液不至于因缺水而过于黏稠。血液黏稠会加快大脑的缺氧、色素的沉积，使衰老提前来临。

蜂蜜水： 蜂蜜对人体有益的功效非常多，它有抗菌消炎、促进组织细胞再生的作用，优质的蜂蜜可以在室温下存放数年，并且不会腐败，这足以表明其防腐作用极强，并对多种致病菌有抑制作用。经常服用蜂蜜，还可以增强人体的免疫功能。晚上服用，吸收效果最好。

茉莉绿茶： 味道清新顺滑，加上天然的蜂蜜香气，有如新鲜现泡的绿茶，绿茶中含有的茶多酚和天然的抗氧化成分，能帮助身体有效地提升免疫力及代谢功能。

乌龙茶： 乌龙茶可以提高体内脂肪酶的活性，从而加速脂肪分解，非常适合每天午饭、晚饭过后，或者吃过油腻食物后饮用，是爱美想要瘦身人士的不二之选。同时，乌龙茶能够提高体内淋巴等细胞的活化作用，在增强人体免疫力的同时抵抗衰老。

草莓汁： 草莓中含多种果酸、维生素及矿物质等，可增强皮肤弹性，具有美白和保湿的功效。另外，草莓比较适合油性皮肤，应用在洁面产品中，具有去油、清洁的作用。

苹果汁： 苹果绝对算得上美容水果之首，好处多多！苹果中含有大量的纤维素和果胶，具有促进肠道蠕动的作用，能使肠道内胆固醇含量减少，防止血清胆固醇增高。苹果中含有的钙质和维生素E，具有利尿美容的功效，有助于防止衰老。

西柚汁： 西柚富含维生素C以及大量抗氧化物质，更难能可贵的是西柚所含的热量十分低，每个大约只有60卡，所以也是减肥的好帮手。根据美国一项研究，如果正常三餐后都能吃上半个西柚，减肥效果会非常好。

奇异果汁： 奇异果是含维生素C最丰富的水果，因此常吃奇异果可以在不知不觉中起到美白的作用。奇异果中含有特别多的果酸，果酸能够抑制角质细胞内聚力及黑色素沉淀，有效地祛除或淡化黑斑，在改善干性或油性肌肤组织上也有显著的功效。

Jason
新加坡
Monsoon 高级负责人

Henry
新加坡
著名摄影师

Jimi Heng
新加坡
设计师，服装搭配师

造　型　师：Addy Lee　Jack Chong　Jenny Lee　Joanne Er　Tony Liu
化　妆　师：Idos毛毛　李小毛　Ken Zhang　禾　雨　John Lee　Xin 幸　Simon Wang
服 装 造 型 师：Jimi Heng
男 装 造 型 师：Ken Long
时尚大片造型师：Dolphin Yeo
服　　　　装：A.W.O.L. by Alfie Leong　Frederick Lee Couture　Three Society　Yannick Machado　Yun. Bridal
摄　影　师：Boon　E－Henry　Gabe
文 字 编 辑：Amlet Wang
美 术 编 辑：张伟青
鸣　　　谢：毕　夏　郭　亮　李凯馨　马雅玉　权怡凤
特 别 感 谢：陈可浩　陈宇萌　关丽碧　胡愷芯　Leslie Yuan　刘思红　张婷婷
Esee模特鸣谢：陈　晨　程慧颖　刀　凡　丁潇潇　董弈杭　方　博　冯聪聪　黄依灵　季　昂　姜萌轩　徐　磊
　　　　　　　金采景　李　畅　李　雪　倪明翡　钱煜岑　任　媛　沈　哲　唐　洁　王　洋　吴　月　萧　尧
　　　　　　　辛晏萱　邢思颖　薛宇婵　殷　莫　于滇欢　张　雪　张延晓　张竹伦　周志平　朱思卉　朱怡杰
　　　　　　　　　　　　　　　　　　　　　　　　　　　　　　　（姓名按字母或拼音排序）

图书在版编目（CIP）数据

时尚6步骤／李荣达编著. — 北京：北京出版社，
2016.3
ISBN 978-7-200-11884-1

Ⅰ．①时… Ⅱ．①李… Ⅲ．①美容—基本知识②理发
—基本知识 Ⅳ．①TS974

中国版本图书馆 CIP 数据核字（2016）第 007807 号

时尚6步骤

SHISHANG 6 BUZHOU

李荣达（Addy Lee） 编著

*

北 京 出 版 集 团 公 司
北 京 出 版 社 出版

（北京北三环中路6号）
邮政编码：100120
网　　　址：www．bph．com．cn
北 京 出 版 集 团 公 司 总 发 行
新 华 书 店 经 销
北 京 盛 通 印 刷 股 份 有 限 公 司 印刷
*

787 毫米×1092 毫米　　12 开本　　18 印张　　80 千字
2016 年 3 月第 1 版　　2016 年 3 月第 1 次印刷
ISBN 978-7-200-11884-1
定价：46.00 元

质量监督电话：010-58572393
责任编辑电话：010-58572417